알고 보면 빠져드는

생활 속 물리 이야기

한국과학기술한림원

- 과학기술에 전문적 경륜과 식견을 가진 석학들을 회원으로 엄선, 각 부문별 전문성을 효율적으로 활용함으로써 국가 과학기술의 진흥과 창달에 기여하기 위해 1994년에 설립되었습니다.
- 2005년 기초과학연구진흥법 제11조(한국과학기술한림원의 설립 등)에 의거 법정기구화되었습니다.
- 독립성, 자율성 및 전문성을 바탕으로 하는 순수 민간 과학아카데미로, 편견 없는 대정부 정책자문을 통해 올바른 과학기술정책의 수립을 유도하고 있으며, 범부처적 국가 과학기술정책에 대한 자문과 건의를 통한 과학기술발전의 장기적 비전을 제시하고 있습니다.
- 우리나라의 과학기술 선진국 진입을 위한 기초 과학기술 진흥사업을 수행하고 있으며, 외국 한림원 및 과학기술 국제기구 등과의 학술교류를 통해 과학기술 민간외교의 중심체 역할을 담당하고 있습니다.

알고 보면 빠져드는
생활 속 물리 이야기

1판 1쇄 펴냄 | 2017년 11월 20일
1판 2쇄 펴냄 | 2021년 10월 20일

지은이 | 장민수
발행인 | 주정희
발행처 | 자유아카데미
등록 | 제 406-2003-017호, 1980. 7. 12

주소 | 경기도 파주시 회동길 37-42 파주출판도시
전화 | 031-955-1321
팩스 | 031-955-1322
홈페이지 | www.freeaca.com
전자우편 | main@freeaca.com(대표)
editor@freeaca.com(편집)
crm@freeaca.com(영업)

ISBN 979-11-5808-149-2 93420

한국과학기술한림원
『석학, 과학기술을 말하다』 시리즈 ㉗

알고 보면 빠져드는

생활 속 물리 이야기

• 장민수 지음 •

자유아카데미

머리말

많은 사람들이 물리가 어렵고 재미없는 과목이라고 생각한다. 물리학을 전공한 사람들조차도 물리학을 어려운 학문이라고 말하기도 한다. 일부 고등학교에서는 선택과목으로 물리Ⅱ를 개설해도 수강신청 학생 수가 정원에 미치지 못하여 인접한 고등학교에서 수업을 받아야 할 형편이라고도 한다.

그런데 인간의 삶을 들여다 보면 물리 아닌 것이 없다. 볼펜도, 그것을 이용해 글씨를 쓰는 것도, 한 잔의 뜨거운 차나 커피도, 또 그것을 마시는 행위도 모두 물리로 설명할 수 있다. 이렇게 가까운 것, 작은 것, 쉬운 것부터 물리를 이해하게 되면 물리는 쉽고 재미있고 아주 유용하기까지 하다.

인간은 지구라는 땅〔土〕 위에서 해〔日〕와 달〔月〕로부터 오는 빛을 받으면서 불〔火〕과 물〔水〕을 사용하고 쇠〔金〕를 이용하며, 음식으로 몸을 만들고 나무〔木〕가 만들어 주는 산소로 생명을 유지한다. 이것이 토요일부터 금요일까지 한 주〔一週〕이며 물리의 기본이 된다. 물리에 대한 깊은 연구 결과로 물질문명이 극도로 발달하여 달에도 가고, TV나 자동차, 통신기기 등이 얼마나 더 발달할 수 있을지 궁금할 정도가 되었다. 이 모든 것이 우리 생활과 관련되어 있고 생활 그 자체이기도 하다.

필자는 물리학 연구 분야 중에서 우리의 일상, 즉 삶의 기본이 되는 태양과 달로부터 오는 빛과 열, 물 그리고 나무로부터 오는 산소 등 개인 소유가 아닌, 인류 공동소유물을 소재로 삼아 물리라는 학문으로 설명하려고 시도해 보았다. 대학에서 일반물리학을 강의하면서 각 단원에 적합한 실생활의 사진을 곁들여 교재로 만들려는 노력도 하였다. 그러한 생각과 노력의 결집이 이 책이다.

이 책은 앞에서 이야기한 공동 소유인 자연을 중심으로 1장은 "물(水) 이야기", 2장은 "열(火) 이야기", 3장은 "파동(日, 月, 전자기파) 이야기", 4장은 넓은 지구상에서의 "역학(상호 작용) 이야기", 5장은 소재 산업의 기초인 "물성물리 이야기"를 다루었다. 물리학에 관심 있는 사람들은 어렵더라도 천천히 읽다 보면 도움이 될 것이다. 끝으로 6장에서 "생활 속 물리 이야기"를 다루고 있다. 이 책은 우리 주위에 있는 일들을 6장으로 나누어 초보적인 물리 상식으로 설명하려고 노력했으며 독자들에게 물리라는 학문보다 생활 속에서 만날 수 있는 많은 현상들을 물리로 설명할 수 있다는 것을 보이고자 하였다.

각 단원의 후반부 또는 중간에 그 내용의 성격에 맞게 독자들이 쉽게 물리를 이해할 수 있도록 질문을 넣었다. 그리고 필자가 도보 여행을 하면서 느끼고 생각하였던 내용을 수필 형식으로 첨부하였다. 이 책에 수록된 일부 그림들은 우리 주위에 있는 현상들을 필자가 국내 도보여행을 하며 사진으로 남은 것이다.

필자는 물리라는 학문에 묻혀 삶을 힘들게 살았다고 생각하기도 하지만 보람된 삶이기도 하였다. 많은 세월이 지난 오늘날, 연구에 입문하려는 의욕으로 가득 찬 제자들의 모습과 진지했던 얼굴들이 가슴속 깊이 남아 있다. 나의 초·중·고, 대학과 대학원 시절 성심성의껏 지도해 주셨던 은사님들도 그립고 늘 감사드린다. 그리고 이미 고인이 되신 모든 분들의 삼가 명복을 빈다.

끝으로 직장생활과 가정을 꾸미는 것만으로도 힘들었을 텐데 나의 연구활동에 용기를 북돋아 주며 정신적 지주가 되어 준 아내(노영남 박사)에게 고마운 마음을 전한다. 그리고 어렵게 태워난 귀염둥이들이 건강하게 자라 물리를 사랑하기를 바라면서 이 책을 집필하였다. 또 이 책을 집필하는 데 도움을 준 부산교육대학교 이형철 교수와 부산대학교 이선순 선생에게 고마움을 표한다. 끝으로 출판을 허락해 주고 편집에 많은 그림과 문장을 다듬어 준 자유아카데미 편집부에게 감사드린다.

2017년 11월

부산대학교 물리학과 명예교수 장 민 수

차례

3장 파동 이야기

4장 역학 이야기(상호작용)

5장 물성물리 이야기

6장 생활 속 물리 이야기

나이아가라 폭포 전경과 송정 바닷가에서 애완용 개와의 오후 한때

1장

물 이야기

1. 물이 갖는 특이한 성질들

2. 물은 우리의 보물

3. 물은 우리들의 마음처럼

4. 거미줄과 같은 인생

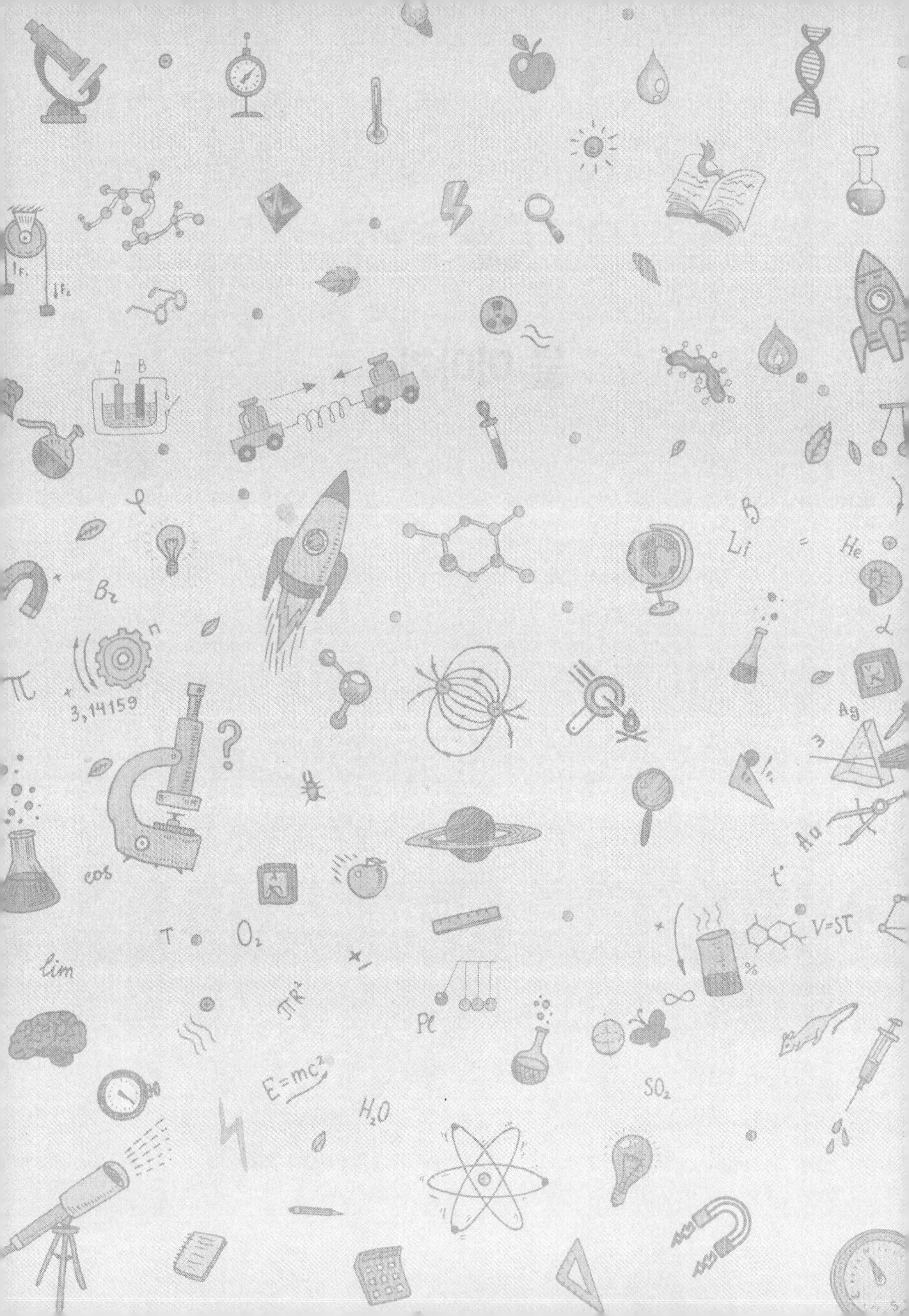

1. 물이 갖는 특이한 성질들

사람은 물 없이는 살 수 없다. 그러나 우리는 평소에 물에 대한 고마움을 느끼지 못한 채 오히려 물을 오염시키면서 살아가고 있다. 요즘 문제가 되고 있는 황사와 미세먼지, 그리고 공장에서 나오는 오폐수에 의해 하천과 강이 오염되어 지구가 황폐해지고 있다. 사람은 누구나 신체의 한부분에 이상이 있기 전까지는 자신이 언제까지나 건강할 것이라고 생각하면서 생활하기 마련이다. 그러다 신체 일부에 이상이 생기면서부터 건강의 중요성을 깨닫게 된다. 물이 가지는 중요성이 바로 그와 같다.

그림 1-1에서 물은 지구의 낮은 부분을 덮어 감싸고 있으며 공기는 지상으로부터 지구를 둘러싸고 있다. 지상에 있는 공기가 깨끗해야 호흡을 통하여 온몸에 산소를 원활히 공급할 수 있다. 그리고 물은 위장으로 들어가 음식을 소화시켜 영양분을 흡수하는 데 도움을 준다.

우리 몸의 약 70%는 물로 이루어져 있다. 특히 갓난아기는 80%, 성인 남

| 그림 1-1 | 지구와 우리들

자는 70%이며 여성은 남성보다 지방질(지방 세포는 지방 분자와 10%의 물로 이루어져 있다)의 비율이 높아 60% 이상이 물로 구성되어 있다. 이러한 사실만으로도 우리 몸에 물이 절대적으로 중요한 요소임을 알 수 있다. 피를 비롯하여 여러 가지 체액과 신체의 부분들이 물로 구성되어 있으므로, 우리가 매일 마시는 음료수나 음식을 통해 섭취하는 물의 양과 땀, 대소변, 그리고 호흡을 통해 몸 밖으로 배출되는 물의 양이 균형을 이루어야 건강한 생활을 할 수 있다.

21세기에 들어서면서 수분 균형이 건강의 핵심이라는 것이 학자들에 의하여 밝혀졌다. 몸속에 수분이 너무 많으면 종아리나 눈 아래, 손등이 붓는 현상이 나타나며, 수분이 부족하면 근육의 탄력이 없거나 약하여 만성피로에 시달리거나 발기부전, 심혈관 문제, 신경쇠약, 우울증 같은 정신적 문제를 앓게 되는 경우가 있다고 한다.

또 몸속의 수분이 충분하더라도 세포 안과 밖의 수분이 균형을 이루지 못하고 세포 밖의 수분이 많으면 체세포가 마르게 된다. 이러한 경우에는 노화, 건조함, 불면증, 건망증, 성욕감퇴, 피로 등의 증세가 나타난다. 삼투압은 삼투막(즉 세포막)을 사이에 두고 양쪽의 체액의 농도가 다를 때 농도가 낮은 쪽에서 높은 쪽으로 물이 이동하여 농도를 희석시키는 현상이다. 세포막은 반투과막으로, 삼투압의 원리에 따라 물이 세포막의 안팎으로 이동하는데, 그 역할의 주동자는 전해질이다. 전해질 중에서 가장 중요한 것은 칼륨(K)과 나트륨(Na)이다. 칼륨은 그림 1-2의 세포 안에서, 나트륨은 세포 밖에서 수분을 흡수하여 전해질을 이루고 있다. 만약 나트륨이 있는 세포 밖의 전해질의 농도가 높으면 세포막 안쪽의 물이 삼투압 현상으로 세포막 밖으로 이동하여 체세포가 마르게 된다. 이러한 현상을 예방하기 위하여 우리들은 나트륨이 들어 있는 짠 음식을 피하기도 한다. 인간은 2~3주 정도 굶어도 생명을 유지할 수 있지만, 물 없이는 2~3일도 버티기 어렵다. 물은 우리의 정신적, 육체적 건강의 가장 중요한 영양소로서 비타민이나 미네랄, 탄수화물, 단백질보다 훨씬 중요하다. 또 이러한 영양소들이 물을 타고 세포막을 통과하여 세포 내에 공급되기 때문에 더욱더 물이 중요하다고 할 수 있다.

물의 특이한 성질 중 하나는 물은 4°C에서 밀도가 가장 크다는 것이다. 물은 0°C에서 얼고, 100°C에서 수증기로 바뀌며, 4°C에서 밀도(질량/부피)가 가장 크다는 것은 누구나 알고 있는 상식이다. 이러한 현상 자체가 신기하다고 생각되지 않는가? 물론 온도의 눈금은 하나의 절대치를 표시하는 것이지만 이

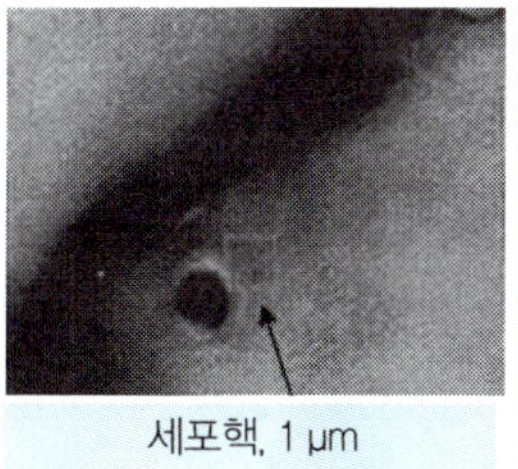
세포핵, 1 μm

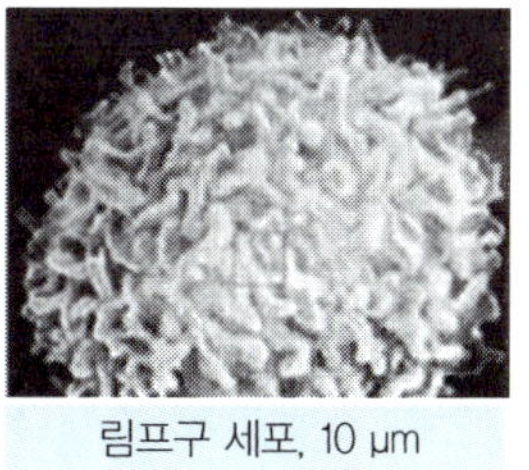
림프구 세포, 10 μm

그림 1-2 세포핵과 림프구 세포

러한 온도 범위에서 식물이나 동물이 활동하면서 성장하고 번식한다는 것을 생각해 보면 의미있는 눈금의 수치라고 생각하게 된다. 물이 100°C가 되어도 끓지 않고 100°C 이상으로 온도가 계속 올라간다면 음식을 조리하는 데 많은 어려움이 따를 것이며 음식 속 영양분의 손실도 생겨 우리들의 식생활에 많은 영향을 미칠 것이다. 그리고 0°C에서 액체인 물은 고체인 얼음으로 상태가 변하는데, 이러한 현상이 가까운 연못에서 생겼다고 생각해 보자. 연못 주위로부터 물이 얼기 시작하여 연못의 표면은 얼음판이 되겠지만 밀도가 가장 큰 4°C의 물은 무겁기 때문에 연못 바닥에 얼지 않고 고여 있을 것이다.

일반적으로 대부분의 물질은 온도가 상승하면 부피가 증가하므로 그 물질의 밀도(질량/부피)는 작아진다. 만약에 0°C의 얼음이 온도가 상승하여 4°C의 물이 되었을 때 부피가 증가하여 밀도가 작아진다면 얼음 위에 물이 있게 된다. 이러한 현상이 계속되면 얼음은 연못의 밑바닥에서부터 쌓이게 되어 추운 겨울에는 연못이 큰 얼음 덩어리로 변할 것이다. 만약 그러한 현상이 일어나면 그 연못 속에 있는 물고기들이 살 수 있을까? 그리고 아주 추운 바닷속이나 호수 밑에서는 어떠한 일들이 일어날까?

4°C의 물이 가장 무겁기 때문에 추운 겨울에도 연못이나 호수, 그리고 바다 속의 물이 얼지 않아 생태계가 유지될 수 있는 것이다. 이와 같은 물의 성질이 신비롭지 않은가?

물은 비열이 가장 크다. 비열(比熱)은 물질 1 g을 1°C 올리는 데 필요한 열량을 말한다. 즉 비열이 크다는 것은 온도 1°C가 변하는 데 많은 열량을 필요로 한다는 의미이다. 우리나라는 여름에 기온이 30°C 이상으로 올라가는 날이 많다. 만약 육지의 비열과 바닷물(또는 강물)의 비열이 같다면, 육지인 서울의 온도가 30°C이면 인천 앞바다 바닷물의 온도도 30°C에 이를 것이며, 서울의 겨울 온도가 영하 10°C이면 인천 앞 바닷물도 영하 10°C에 이를 것이다. 이러한 자연 현상이 일어난다면 바다에서 불어오는 해풍과 육지에서 바다 쪽으로 부는 육풍이 어떨지 생각할 수 있겠는가?

그림 1-3과 같이 여름에 바닷가에서 해수욕을 즐길 수 있는 것도 물의 비열과 관련이 있다. 즉 물의 비열이 육지보다 크기 때문에 바닷물의 온도가 올라가는 데는 육지보다 많은 열이 필요하다. 이 때문에 바닷물의 온도가 육지보다 훨씬 낮아 우리들이 해수욕을 즐기며 무더위를 피할 수 있는 것이다. 즉 물은 비열이 크기 때문에 수증기로 쉽게 기화하는 것을 억제할 수 있을 뿐만 아니라 우리 몸속에 있는 수분에 의한 체온 변화를 억제할 수 있으며, 지열의 상승도 억제한다.

물은 용해하는 성질이 강하여 용제로 우수하다. 사람이 살아가는 데 가장 기본적인 의식주의 관점에서 물의 역할을 생각해 보자. 물이 있어서 우리는 매일 깨끗한 옷을 바꾸어 입을 수 있으며, 또 다양하게 물들인 예쁜 색깔의 옷

그림 1-3 바닷가 해수욕장의 한 장면

을 입을 수 있다. 또한 물을 사용하여 깨끗하고 맛있는 음식을 만들어 먹고 있다. 하루쯤 단수가 되어 집에 수돗물이 나오지 않는다고 생각해 보자. 우선 화장실에서 냄새가 진동할 것이다. 우리의 주거환경을 깨끗이 하고, 몸을 깨끗이 씻어서 피부병을 비롯한 질병들을 예방하는 데에도 물이 필요하다. 이러한 모든 것은 물이 용제로 작용하기 때문에 가능하다. 그러면 물이 가지고 있는 어떤 성질 때문에 용제로 활용되는지 알아보자.

그림 1-4의 왼쪽 그림과 같이 유리컵에 담겨 있는 물을 비우면 컵 안쪽에 물방울이 붙어 있는 것을 볼 수 있다. 이와 같은 경우를 컵이 물에 젖어 있는 상태라고 한다. 이것은 **물 분자와 유리 분자 간에 서로 끌어당기는 힘이 있기 때문인데, 이 힘을 반데르발스 힘**(van der Waals force)**이라고 한다**. 이 힘은 물 분자가 가지고 있는 수소 결합이나 공유 결합(예를 들면 탄소 원자들의 결합), 그리고 이온의 전기적 상호작용(이온 결합)에 의한 힘이 아니고 분자 간, 혹은 한 분자 내의 부분 간의 인력이나 척력을 말한다. 이때 물 분자 간에 끌어당기는 힘에 의해 물방울이 유리에 붙어 있게 된다. 가운데 그림은 유리컵에 담겨 있는 물의 물 분자-물 분자 간에 작용하는 인력(응집력)보다 유리와 물 분자 간에 작용하

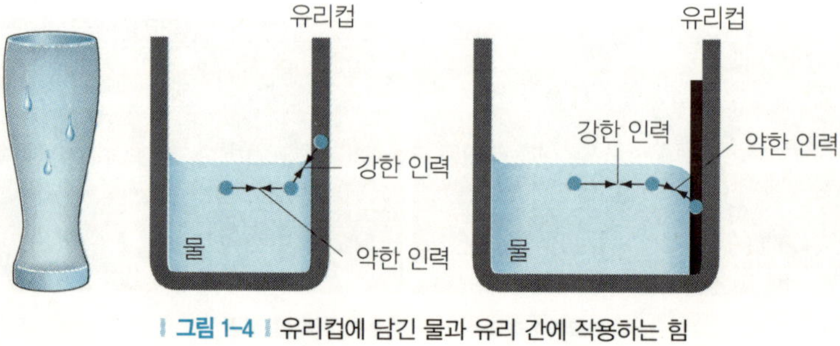

그림 1-4 유리컵에 담긴 물과 유리 간에 작용하는 힘

는 힘이 커서 물방울이 생기지 않고 유리에 물이 붙어 수면보다 높게 물이 끌려올라가게 된다. 이러한 경우를 물의 부착력이 크다고 말한다.

그림 1-4의 맨 오른쪽 그림은 유리컵 안쪽에 치즈와 같은 지방(기름)이 유리컵 표면에 묻어 있으면 물 분자 간에 작용하는 인력이 물과 기름 간에 작용하는 힘보다 크므로 수면이 아래로 내려가 볼록하게 된다. 이것은 앞에서 이야기한 물 – 유리 간에 작용하는 부착력보다 물 자체의 응집력이 크기 때문이다. 이러한 힘들이 작용하여 용제의 역할을 하게 된다. 우리가 입는 옷에는 몸속의 지방이 붙게 되는데, 이것을 더 깨끗하게 제거하기 위해 세재를 사용하여 빨래를 하기도 한다. 그리고 이러한 성질(토란이나 연잎이 갖는 성질)을 이용하여 옷감을 개발하면 비를 맞아도 옷이 잘 젖지 않게 된다.

물의 표면장력은 다른 어떤 액체보다 크다. 표면장력이 크면 클수록 모세관 현상(Capillary action)이 잘 일어난다. 식물은 뿌리로 물을 흡수하여 모세관 현상에 의하여 잎까지 물을 운송한다. 또 식물 잎의 엽록소라는 광합성 공장에서 물과 이산화 탄소, 그리고 태양 에너지에 의해 식물이 자라는 데 필요한 영

그림 1-5 튤립과 소나무

양분을 만들고 공기 속으로 산소를 내보낸다. 그림 1-5의 튤립과 소나무가 아름다워 보이지 않는가? 물의 표면장력이 크지 않다면 지구상에 자라는 식물이 어떤 형태로 자랄 것이라고 생각되는가? 모세관 현상은 모세관을 액체 속에 넣었을 때, 관 속의 액면이 관 밖의 액면보다 물처럼 높아지거나 수은처럼 낮아지는 현상이 생긴다. 즉 물 분자 사이의 인력과 분자와 관의 벽 사이에 작용하는 인력(부착력)에 의해 가느다란 관을 채워 액체가 올라가거나 내려가는 현상을 말한다. 이러한 모세관 현상으로 인해 식물 뿌리에 있는 물이 줄기의 높은 쪽 줄기로 공급되는 것이다.

2. 물은 우리의 보물

물은 지구 표면의 71%를 덮고 있다. 지구상에 있는 물의 총량은 약 13억 6천만 km^3로 추정되는데, 이것의 97.2%가 바닷물(해수)이며 빙하와 얼음이 2.15%를 차지하고 있다. 우리가 생활용수(담수)로 활용하는 호수, 강, 지하수, 그리고 대기 중의 수증기 등에 있는 물은 지구에 있는 물의 0.65%에 불과하다. 즉 바닷물은 97%이고 육지에 있는 물은 3%이다. 이렇게 인간이 쓸 수 있는 물은 한정되어 있으므로 물을 잘 관리하는 것이 매우 중요하다.

물을 자세히 관찰해 보면 물 분자는 조용히 멈춰 있지 않는다. 물은 태양으로부터 오는 복사열과 지구의 공전과 자전에 의해 발생하는 바람의 영향으로 계속 이동한다.

그림 1-6에는 지표면을 중심으로 물의 순환 현상을 나타냈다. 물의 순환은 근본적으로 태양에서 오는 복사열에 의해 이루어지는데, 해양과 육상(숲, 호수, 강, 토양 등)에서 증발된 물이 대기 중에 머무르거나 바람에 의해 이동하는 과

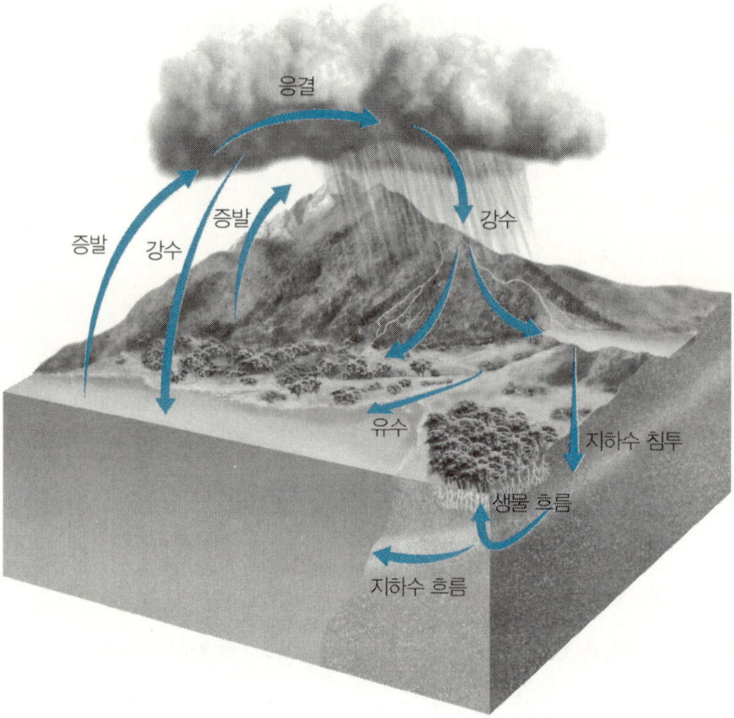

▮ 그림 1-6 ▮ 지구 표면에서 물의 순환

정에 응결되어 구름으로 변하고, 이것이 대기권의 기상변화로 비나 눈의 형태로 해양과 육지로 되돌아온다. 육지에 내린 빗물은 지하수, 호수, 강 등을 만들기도 한다. 그러나 시간이 지나면서 물은 쉬지 않고 낮은 곳으로 흐르는 성질 때문에 다시 바다로 흘러들어가게 된다. 일부 눈은 빙하가 되어 수십 년 또는 수천 년 동안 한곳(남극이나 북극)에 갇히기도 하지만 결국에는 녹아서 증발하거나 바다로 되돌아가는 순환이 일어나고 있다. 그러나 지구의 온난화 현상으로 북극과 남극의 빙하가 점점 녹아 바닷물이 많아져 해수면이 높아지고 있다는 이야기도 있다. 이와 같은 순환 과정을 통해 물은 해양, 대륙, 대기에 분배된다. 또 물은 비열이 크기 때문에 태양열을 저장하고 분산시키는 역할도 하고 있다.

앞에서 인간이 먹을 수 있는 물은 불과 0.65%라고 하였다. 그리고 지구 표면에 있는 물의 97%는 바닷물이다. 따라서 물을 보다 효율적으로 활용하기 위한 노력이 요구된다. 첫째 이 많은 물을 식용수로 바꿀 수 있는 기술이 필요하며, 둘째로 물의 공급에 의해 일어나는 광합성의 원리도 공부해야 한다. 그리고 세 번째로는 물을 전기 분해하여 얻은 수소 가스를 인류의 에너지원으로 활용한다면 지구를 더욱 깨끗하게 보존할 수 있을 것이다.

그 사업의 첫 번째로는 **바닷물을 담수화하는 기술이 발전되어야 한다**. 지구상에 물이 부족하면 아프리카와 중앙아시아에 있는 큰 사막과 같은 황무지가 생긴다. 그곳은 사람이 생활하기에 너무나 불편한 곳이다. 반면에 바다 위에서 큰 배로 물건을 운송하는 해상 선원, 국가의 안보를 위해 군함 위에서 국방의 의무를 다하는 군인들, 그리고 먼 바다에 나가 고기를 잡는 원양어선에서 일하는 사람들은 어떻게 식수를 공급받아야 할까? 그 많은 바닷물을 자유롭게 마실 수 있으면 좋겠지만, 바닷물 속에는 염분이 포함되어 있어서 마실 수 없다. 그러면 마실 물을 배에 싣고 다녀야 할까?

바닷물을 직접 사용하기 위해 바닷물로부터 염분을 포함한 용해물질을 제거하여 순도 높은 음용수 및 생활용수, 공업용수 등을 얻어내는 일련의 정화 과정을 거쳐야 하는데, 이를 해수탈염이라고 한다. 해수를 담수로 만드는 네

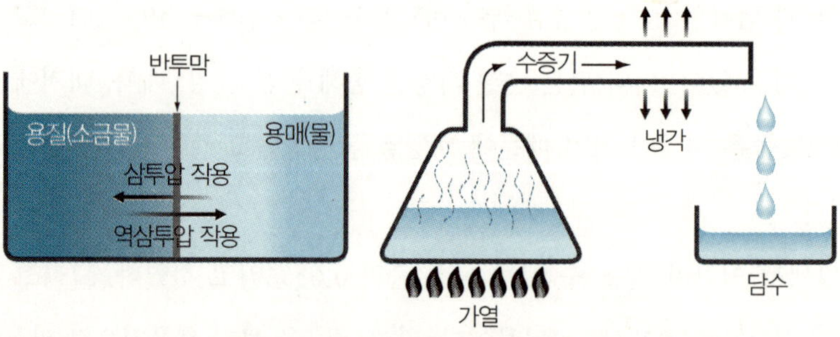

그림 1-7 역삼투압법과 증발법에 의한 해수담수화 장치 개략도

사용되는 설비를 해수담수화 설비 또는 해수담수화 플랜트라고 한다. 이 분야에서 우리나라의 대기업이 세계 선두의 기술력을 확보하고 있다. 선박에 종사하는 사람들은 이러한 설비를 이용하여 물을 공급받을 수 있다. 전문가들은 머지않은 미래에 식수 부족 현상이 일어날 것이라고 예측하고 있다. 그때는 석유 값보다 물 값이 더 비싸질지도 모른다.

그림 1-7과 같이 해수를 담수화하는 방법으로는 역삼투압법과 증발법을 이용한 해수담수화 기술이 대표적이다. 이 중 역삼투압법은 증발법보다 우리에게 훨씬 친숙한 방법이다. 삼투압을 한마디로 정의하면 농도가 다른 두 액체를 반투막을 이용하여 용매는 통과시키고 용질은 통과시키지 않는 방법이다. 예를 들면 배추 김장을 할 때 배추에 소금(용질)을 뿌리면 배추 속의 물(용매) 분자는 반투막을 통과하여 배추 밖으로 나오지만, 소금 분자는 배추의 반투막을 통과할 수 없어 배추 속으로 들어갈 수 없게 된다. 삼투압은 용질의 농도가 낮은 곳에서 용질의 농도가 높은 곳으로 액체가 이동하는 현상에 의해 나타나는 압력이다. 역삼투 현상은 이 과정을 역으로 진행하는 것이다. 반투막을 사

이에 둔 서로 농도가 다른 두 액체(이 경우엔 담수와 바닷물)는 삼투압 현상에 의해 소금 농도가 높은 바닷물 쪽으로 끌려간다. 그러나 여기서 농도가 높은 액체 쪽에 높은 압력을 가하게 되면 반대의 현상이 일어나게 된다. 즉 농도가 높은 바닷물 쪽에서 물이 반투막을 통과하여 담수 쪽으로 이동하게 된다. 다르게 표현하면 짠 바닷물에 힘을 가하여 비교적 순수한 물을 짜내고 남은 바닷물은 더 짠물이 되는 과정으로 생각할 수 있을 것이다.

보령시 외연도 해수담수화 시설에 대한 보수 및 보강을 완료했다는 소식을 접했다. 여기에서도 역삼투압법으로 담수화를 하였다고 한다. 외연도의 상주 인구는 400명 정도로 매일 75톤(m^3/일) 규모의 해수담수화 시설을 운영해 왔지만, 취수원의 염분 농도 상승으로 물에서 짠맛이 나고 최근에 치유를 목적으로 찾는 이가 연평균 1만7천 명으로 증가하여 물 사용량이 증가함에 따라 물 부족 현상이 지속되어 왔다. 이에 K-water 보령 시역 관리단체는 해수담수화 시설 용량을 매일 150톤(m^3/일)으로 개량하여 물 부족 문제 해결과 양질의 물로 물맛을 개선하고, 도서 지역 주민들의 생활불편을 최소화하는 등 물 복지 향상에 기여할 수 있을 것이라고 보도하였다.

두 번째로 **식물의 광합성 작용에 대한 연구를 수행하여 인간에게 필요한 영양분을 함유하는 영양제를 개발해야 할 것이다.** 식물들은 광합성 작용(일명 탄소동화작용)으로 우리들이 필요로 하는 영양분을 공급해 준다. 광합성은 지구상의 생물계에서 볼 수 있는 가장 중요한 화학 작용으로, 생물이 빛을 이용하여 화합물 형태로 에너지를 저장하는 화학 작용이다. 지구상의 모든 생물은 삶을 유지하기 위해 에너지를 필요로 한다. 즉 박테리아의 번식을 비롯하여 콩이 싹을 틔우고 나무가 자라며, 우리가 태어나 숨을 거두는 순간까지의 모든 삶의 과정에 에너지가 필요하다. 우리가 일상생활에서 자동차를 움직이고 전기 기구를 사용하며 온갖 산업시설을 가동시키기 위해서 석유, 석탄을 연소시킬 때, 혹은 원자의 분열에서 생겨나는 에너지를 사용하듯이 생물이 존속하기 위한 기본 조건은 에너지라고 볼 수 있다.

에너지의 전환과 저장은 식물의 최소 단위인 세포에서 일어나며, 에너지는 화합물 형태로 저장된다. 그림 1-8과 같이 모든 생물은 광합성 작용으로 만들어진 영양분을 생체 내 연료로 사용한다.

식물의 뿌리에서 빨아 올린 물(H_2O)과 공기 속의 이산화 탄소(CO_2)가 식물 잎의 엽록소에서 적외선 영역(700 nm)의 빛을 받아 탄소(C)와 수소(H)로 구성된 영양소를 합성한다. 각 식물들은 이 에너지를 공급받아 성장하며, 열매, 뿌리,

그림 1-8 식물의 잎에서 광합성 작용

줄기에 그 영양분을 저장하기도 한다. 그리고 인간은 이러한 결실을 주식(主食)으로 하고 있다.

식물의 잎에 있는 엽록소의 구성에 따라 각 식물들이 만든 영양분의 모양(예를 들면 쌀, 보리, 밀, 콩, 고구마, 감자, 사탕수수 등)과 그들이 갖는 성분이 각각 다른데, 이것은 탄소동화작용을 하는 벼의 엽록소 공장, 콩의 엽록소 공장, 감자, 고구마, 사과 등의 엽록소 공장이 각각 다르기 때문이다. 이 결과, 영양분이 각각 다른 열매, 줄기(예, 감자), 뿌리(예, 고구마)를 만드는 것이다.

영양분이 저장된 열매, 뿌리, 줄기는 저마다 특이성을 가지고 있으며 물이 없으면 만들 수 없을 뿐만 아니라 저장하지도 못할 것이다. 이 때문에 물 흐름이 적어지는 영하의 날씨나 태양복사열의 공급이 줄어들게 되면 광합성 작용도 줄어든다. 그래서 날씨가 추워지면 나무에서 물의 순환이 원활하지 못하여 에너지의 공급이 충분하지 못하게 되고, 나뭇잎은 단풍으로 변하고 낙엽이 되어 떨어지게 되는 것이다.

이와 같이 우리는 광합성 작용으로 필요한 영양분을 공급받아 건강한 생활을 할 수 있다. 또한 광합성 작용은 우리 주위에 있는 공기 속의 이산화 탄소를 감소시켜 준다. 이러한 식물과 인간과의 관계에서 인간을 중심으로 식물의 필요성을 하나하나 점검해 보면 인간에게 유익한 것이 대부분이다. 이에 대한 예로, 도시 내에 10%의 녹지가 증가하면 그 도시의 기온이 조절된다는 보고서를 들 수 있다. 식물들은 에너지가 높은 단파장 쪽의 자외선을 막아주고 도시의 습도를 높이면서 쾌적한 주거환경을 만들어 준다. 가로수를 심는 것도 좋은 방법이다. 앞으로는 과학의 발전으로 각종 센서를 가로수에 부착하여 사물인터넷(IoT)으로 도시의 주거환경을 조사하는 방법도 도입될 것으로 예상된다.

끝으로 지구상에 무한히 많은 물(바닷물)을 전기 분해하면 수소와 산소를 얻을 수 있다. 이 수소를 자동차의 연료로 사용하면 얼마나 좋을까? 이러한 사업은 지구를 깨끗하게 보존하기 위해 탄소 에너지 사용을 낮출 수 있으며 지구를 덜 오염시킬 것이다. 수소를 자동차 등 동력의 에너지원으로 사용하면 수소는 공기 속의 산소와 결합하여 다시 물로 된다. 그러나 탄소 연료(석탄, 석유 등)를 태우면 공기 속의 산소와 결합하여 이산화 탄소가 발생하게 된다. 이처럼 수소를 연료로 사용하면 공기를 덜 오염시킬 수 있지만 수소가 공기 속에서 연소할 때 폭발 위험이 있기 때문에 취급하는 방법을 더 개량하여 수소를 다루어야 할 것이다.

세계는 넓어서 지역에 따른 자연환경, 인종, 언어, 전통과 역사가 다르지만, 과학문명의 발전에 따라 우리들은 각 지역에서 일어나는 정보를 모두 알고 싶어 하며 더욱 풍요롭고 윤택하게 살고자 한다. 그렇기 때문에 많은 정보를 고속화하고, 생활필수품을 양질화하고, 고급화하려고 노력하고 있다. 또 지진과 같은 천재지변을 사전에 예방하려고 노력하고 있다. 이러한 인간의 욕망을 충족시키기 위해 지구를 오염시키지 않으면서 무한한 자원을 이용하여 행복하게 살아갈 수(well-being) 있는 방법에 대한 연구가 계속되고 있다.

지구상에서 누구나 자유롭게 활용할 수 있는 가장 풍부한 자원은 무엇일까? 태양 복사 에너지와 지구의 낮은 부분을 둘러싸고 있는 물을 생각할 수 있을 것이다. 비커에 물을 담고 두 전극을 고정한 다음에 일정한 직류전압을 가하면서 태양빛을 쪼이면 물이 전기 분해되어 양극에 산소 가스, 음극에 수소

가스가 발생한다. 그러나 물을 전기 분해할 때 사용된 전기사용료가 수소와 산소의 값보다 비싸기 때문에 실용성이 없다. 그래서 두 전극 간격 사이에 그림 1-9에 나타낸 것처럼 산화 타이타늄(광촉매물질; TiO_2)에 전극을 부착하여 물속에 넣고 직류전류를 흘리면서 태양빛을 쪼이면 물이 더 쉽게 전기 분해되어 수소 가스와 산소 가스를 낮은 전압으로 얻을 수 있다.

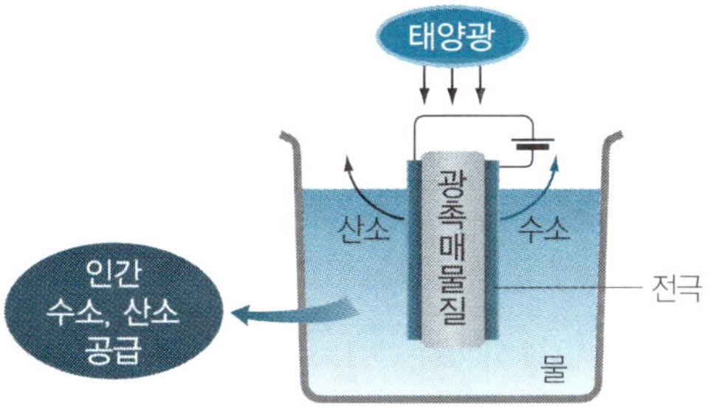

그림 1-9 물의 전기 분해 장치 모형도

이렇게 하면 광촉매 물질을 사용하지 않았을 때보다 수소와 산소 가스가 훨씬 많이 발생한다. 그래서 수소를 동력원으로 사용하는 수소 자동차 또는 수소와 탄소 연료(석유나 디젤)를 병행하는 하이브리드 자동차를 세계 각국에서

물의 특성

1. 4℃에서 밀도가 크다.
2. 비열이 가장 크다.
3. 용해하는 성질이 강하다.
4. 표면장력이 크다.

그림 1-10 물이 갖는 특성(출처: shutterstock)

개발하고 있다. 자동차의 연료로 수소나 전기를 사용하면 미세먼지 등을 걱정할 필요 없이 언제나 쾌적한 환경 속에서 생활하게 될 것이다. 요즈음에는 수소의 대량 생산을 위해 광촉매 물질, TiO_2에 불순물을 첨가하기도 하고 또 다른 광촉매 물질을 연구 개발하고 있다.

이와 같이 여러 가지 특성을 가진 물은 담는 그릇의 모양에 따라 그 형태가 달리진다. 어쩌면 물은 그릇 속에서 조용히 자리를 잡고 인간이 유용하게 사용할 때까지 기다리고 있을지도 모른다.

3. 물은 우리들의 마음처럼

물은 온도에 따라 얼음으로도 바뀌고, 또 온도가 높으면 수증기로도 바뀌며, 지구상에서 안개, 우박, 싸라기눈, 눈, 구름, 진눈깨비 등 여러 가지 형태를 갖는다. 우리 몸도 70% 이상이 물로 채워져 있다. 또 아무리 메마른 사막일지라도 모래를 걷어내면 땅속에 습기가 있으며, 그러한 환경에 잘 적응하는 생물이 있기 마련이다. 즉 물은 자연의 어느 곳에나 존재하며 식물이나 동물의 번식에 꼭 필요한 요소이다. 자연의 물의 분포에 따라 특이성을 갖는 동물이나 식물을 관찰할 수도 있다. 특히 아열대나 열대우림지대에서는 식물이 울창하게 성장하며 그러한 환경 속에서 수많은 동물 및 미생물이 서식하고 있다.

이와 같이 물이 존재하는 형태는 다양할 뿐만 아니라 자유분방하다. 인간은 물 없이는 살 수 없기 때문에 문명의 발전에 따라 윤택한 생활을 하기 위하여 물을 관리하기 시작하였다. 그래서 옛날 중국에서는 치산치수(治山治水, 산에 나무를 잘 가꾸어 비가 올 때는 나무뿌리가 물을 가두어 홍수를 예방하고 가뭄이 들 때는 나무로부터 물

그림 1-11 소양강 다목적 댐의 전경

을 공급받는 일)를 잘하여 백성들을 홍수로부터 해방시키고 편안히 농사를 잘 지어 배부르게 먹고 잘살 수 있게 만들면 그 임금을 훌륭한 성군으로 평하였다.

그림 1-11은 소양강 다목적 댐의 전경이다. 우리나라에서도 댐의 역사를 더듬어보면 팔당댐(경기도 남양주시)은 1966년에 착공하였으며, 소양강 다목적댐(강원도 춘천시)은 1967년에 착공하였다. 그 외에도 많은 댐을 건설하여 물을 조직적으로 관리함으로써 홍수를 막을 수 있었으며 천수답(빗물을 받아 벼농사를 지을 수 있는 논)이라는 말을 불식시키는 원천이 되었다. 댐에 물을 가두어 둘 수 있는 저수량은 (댐의 면적) × (둑의 높이)로 계산된다. 저수량을 늘리기 위해 댐의 면적을 넓히면 침수되는 농경지가 넓어질 것이며 둑의 높이를 높이면 안전도에 문제가 생길 수 있다.

물은 인간에 의하여 옹기, 나무통, 플라스틱 통, 옥상의 물탱크 등에 보관되고 관리됨에 따라 다양한 모습을 드러낸다. 그리고 인간의 일상생활 속에서는 커피잔이나 관상용 금붕어가 자유로이 놀 수 있는 어항, 학교나 연구실에서는 비커나 플라스크 등을 생각할 수 있다. 이러한 여러 가지 형태에 의하여 물은 아무런 불평 없이 묵묵히 그 그릇 속에 갇혀 있게 된다. 그리고 물을 가두어 두는 형태는 호수나 댐과 같이 아주 큰 것에서부터 물 분자 상태로 생명체 속에 갇혀 있는 아주 작은 것까지 있다.

아마도 많은 사람들이 "물이란 어떤 것일까"란 질문을 받으면 "한 번도 진지하게 생각해 본 적이 없다"고 대답할 것으로 예상된다. 물이란 당연히 존재하는 것이기 때문에 생각할 대상이 아니라고 답할 것이다. 나 역시도 한 번도 생각해 본 적이 없었다. 그런데 어느 날 토론 모임에서 눈에 보이지 않는 "마음은 무엇일까"에 대하여 생각하기 시작하였다. 그때부터 나를 낳고 키워주신 부모님의 마음, 40여 년 간 같이 살고 있는 아내의 마음, 딸과 아들의 마음, 형제들의 마음, 친한 친구의 마음 등 수많은 친근한 사람들의 마음, 그리고 나라를 책임지고 있는 모든 분들의 마음을 생각해 보면서 마음은 사람마다 모두 다르다는 것을 생각하게 되었다. 그릇의 모양에 따라 물의 모양이 다른 것과 같이 사람마다 마음도 다르다는 것을 생각하면서부터 물에 관심을 가지게 되었다. 그러면 "나는 어떻게 생긴 물 그릇과 같은 인간일까?" 생각하기 시작하였다.

이러한 물의 여러 모양은 사람에 따라 생각하는 마음의 모습과 유사하다고 생각되지는 않는가? 즉 한 어머니의 몸속에서 태어난 쌍둥이도 하나의 사실에 대하여 생각하는 관점이 다르듯이 물 그릇의 모양에 따라 물의 모양, 형상이 다르다. 그림 1-12에는 사람의 마음은 물이 갖는 성질과 유사하다는 가

물이 갖는 특성	사람이 갖는 마음
1. 물 그릇이 형형색색이다. 2. 밀도가 4℃에서 크다. 3. 열용량이 제일 크다. 4. 용제로 우수하다. 5. 표면장력이 크다(모세관 현상).	1. 마음(두뇌)이 형형색색이다. 2. 사람의 체질에 따른다. 3. 사람의 수양에 따른 포용력 4. 사람의 수양에 따른 이해심 5. 사람의 수양에 따른 집중력

그림 1-12. 물이 갖는 특성과 사람이 갖는 마음의 비교

정하에 비교를 한 것이다.

일본 에모토 마사루가 쓴 『물은 사랑을 원한다』에서 한 구절을 인용하고자 한다. 육각수에 대하여 들어본 적이 있는가? 육각수는 완벽한 6각형 대칭을 이룬다. 기하학에는 이러한 완벽한 대칭에 진리가 있다고도 한다. 진실한 마음가짐으로 물을 대하면서 수 시간 동안에 물의 온도를 낮추어 얼음이 되었을 때 촬영하였더니 얼음의 구조는 완벽한 좌우 대칭을 이루었다고 한다. 한편 물에 대하여 부정적인 마음으로 미워하면서 촬영하였더니 원 형태의 별다른 모양을 나타내지 않았다고 한다. 에모토 씨는 물과 대화했던 내용에 따른 사진을 제시하면서 "사람과 물의 대화"를 구성하였다. 물이 사람의 마음을 읽고 있다는 것이다.

노자의 『도덕경』에 "진정으로 훌륭한 사람은 물과 같다"라는 이야기가 있다. 물은 만물을 이롭게 하면서 잘났다고 다투지도 않으며, 스스로 낮은 곳에 처한다. 물처럼 훌륭한 사람은 자기에게 맞는 곳에 살며, 마음을 고요한 연못처럼 다스리고 이웃과 더불어 살아간다. 앞에서 이야기하였던 물이 가지는 특

성을 그림 1-12와 같이 사람의 마음과 비교하면서 내 마음은 어떻게, 또 어디에 있는지 더욱 궁금해졌다. 그래서 내 마음이 머물고 있는 곳을 생각하니 먼저 나 자신에 대해 공부해야 겠다는 생각이 들었다. "나는 누구일까?"라는 질문에서부터 시작하여, 나를 중심으로 모든 인연들이 거미줄과 같이 얽혀 있음을 알게 되었다.

4. 거미줄과 같은 인생

어릴 때부터 오늘날까지 애지중지 아끼면서 끌고 다니던 내(我) 몸에 대하여 생각해 보게 되었다. 나는 누구일까? 나 자신을 아무리 생각해 보아도 다른 사람에게 설명할 방법이 없다. '나'에 대하여 나 자신만으로 내가 누구라는 것을 설명하는 것은 불가능하다는 것을 알았다. 오히려 '나' 자신과 아무런 관계가 없다고 생각했던 그 모든 것들을 연관시키지 않으면 '나'를 설명할 수 없다. 즉 그림 1-13과 같이 많은 요인들로 나누어 나를 설명하지 않으면 나를 설명할 수 없었다. 이름, 성별, 생김새, 신분, 다른 사람과의 관계, 즉 부자(父子), 부부(夫婦), 친구, 선후배 등. 이 모든 것들은 나의 본질이

그림 1-13 나를 설명해 주는 요인들

아닌 것 같으면서도 나를 설명할 수 있는 자료가 된다. 내가 가지는 생각이나 사상과 같은 추상적인 개념들까지도 '나' 만으로 독립시켜 이야기할 수 없다는 것을 알게 되었다.

또한 나를 둘러싼 다른 사람이나 사회 또는 자연 속에서 상호작용하면서 새로운 관계가 만들어질 것이며, 또 변화해 갈 것이므로 결코 '나' 개인이 독자적으로 존재하지는 않는다는 것을 알게 되었다. 그림 1-14의 거미줄과 같이 우주 속에서 어느 하나도 서로 연관성이 없는 것은 없다. 유형의 모든 사물들은 물론이며 무형의 정신작용도 거미줄과 같이 얽혀 있어서 그중 어느 하나가 움직여도 다른 모든 것에 영향을 주게 된다. 그래서 우리들은 종종 **나비 효과**라는 용어로 내 주위에 일어난 사건을 설명하려고 한다.

나비 효과는 "브라질에 있는 나비의 날갯짓이 미국 텍사스에 토네이도를 발생시킬 수도 있다"는 과학 이론이다. 미국의 기상학자 에드워드 노턴 로렌즈(Edward Norton Lorenz)가 1961년 기상관측을 하다가 생각해낸 이 원리는 훗날 물리학에서 말하는 **카오스 이론**의 토대가 되었다. 변화무쌍한 날씨의 예측이

그림 1-14 거미줄과 같은 인생(출처: shutterstock)

힘든 이유를 "지구상 어디에서인가 일어난 조그마한 변화로 인해 예측할 수 없는 날씨 현상이 나타났다"는 것으로 설명한 것이다. 출발은 과학 용어였지만 시발점이 된 사건과는 전혀 무관해 보이는 큰 변화가 결과적으로 어떤 원인 때문에 생겼을 때 일상적으로 사용되는 용어로 정착되었다. 즉 원인 없는 결과를 생각할 수 없다는 뜻도 담겨 있다.

하나의 예로 서정주 씨의 「국화 옆에서」라는 시의 첫 구절은 "한 송이 국화꽃을 피우기 위하여/봄부터 소쩍새는 그렇게 울었나보다"에서 가을에 피는 국화꽃과 봄의 소쩍새 울음은 시간적으로나 공간적으로 아무런 관련이 없을 것 같으나 연관성이 있다고 볼 수도 있다. 나무 한 그루, 풀 한 포기도 그 자체로서 존재하는 것이 아니라 하늘, 땅, 바다, 태양, 공기, 습기, 나비, 벌, 그리고 무수히 많은 미생물이 함께 어우러져 있어 꽃을 피우고 열매를 맺게 되어 개체보존의 순환이 일어나고 있음을 알게 된다(박광서, 불교와 현대물리학).

그래서 고등학교 교육과정을 마치고 어려운 대학입시 경쟁에 합격하여 부산대학교 공과대학에 입학한 학생들에게 필자가 오랫동안 사용했던 과제 제목이 "나는 누구일까?"이었다. 좋은 대학에 입학하면 인생의 전부가 해결된 것처럼 희망에 부풀어 있는 대학 1학년생에게 일반물리 첫 시간에 필자가 요구한 첫 과제였다. 보통 첫 시간에는 강의방법 및 평가방법을 설명하지만 필자는 그림 1-15를 준비하여 오늘의 자신을 중심으로 과거를 회상하고 참조하여 자신의 미래를 설계하는 내용으로 A4용지 10페이지 이상을 작성하여 중간고사가 끝난 그 다음 주 첫 시간에 제출하도록 하였다.

그림 1-15와 같이 지난주까지는 고등학생이었지만 이제 대학생이 되었으

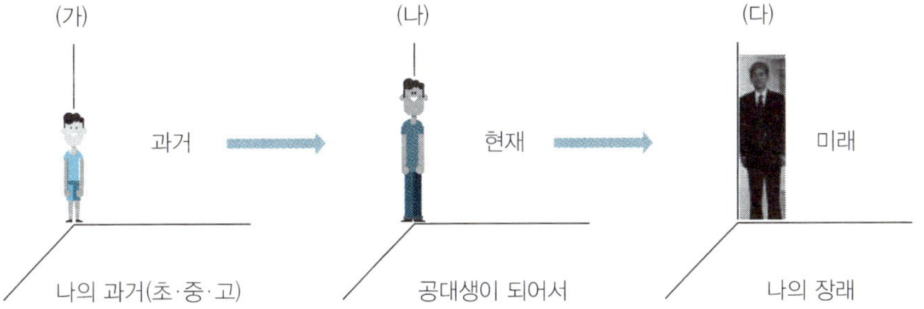

그림 1-15 대학생이 되어서 나의 미래를 설계하자

므로 자기개발에 관한 책을 참조하여 작성하도록 지도하였다. 이 방법을 필자가 애용했던 이유 중 첫째는 자기 자신에 대한 공부를 시키기 위해서이며, 둘째는 자신의 꿈을 머릿속에 그리면서 사는 것이 대학생이라고 인식시키기 위해서였다. 그리고 셋째는 수강자(학생)가 강의자(교수)와의 뜻이 맞지 않으면 다른 교수의 강의를 받도록 지도하기 위해서였다. 과제를 내고 강의실 문을 나서는 순간 뒤쪽에서 웅성웅성하는 소리가 들리기 마련이었다. 학생들은 평생에 10페이지짜리 작문 숙제는 처음이라고 아우성쳤다.

소크라테스는 고대 그리스의 아테네에서 태어나 산파술을 시전하고 다닌 끝에 "나는 내가 아무것도 모른다는 걸 안다"라는 심오한 말과 "너 자신을 알라"라는 명언을 남긴 철학자로 알려져 있다. 그리고 석가모니가 창시한 불교 사찰의 선방에서 신발 벗는 옆 기둥에 "조고각하(照考脚下)"라는 문구를 볼 수 있다. 이 말은 자세를 굽혀 아래를 비추어 보며 내가 벗은 신발이 잘 정돈되어 있는지를 확인하라는 내용이지만, 너의 태도가 올바른지 생각하게 하는 깊은 의미를 지닌 것 같다. 세계 4대 성인 중에서 두 분이 "너 자신에 대하여 깊게 생각하라"는 명언을 남겼다. 이러한 명언에 대하여 주체와 객체를 바꾸어 생각하면 "나는 누구일까?"로 표현될 수 있다.

그러면 필자는 누구일까? 사람은 누구나 태어난 장소가 있다. 그리고 그곳에서 유년 시절을 보내면서 자라게 된다. 필자는 바닷가 해변을 낀 농업을 주업으로 한 가정에서 6남매 중 장남(사망) 아닌 장남으로 태어났다. 가정생활은 넉넉하지 못했지만, 초등학교 시절부터 책을 많이 접하고 주말이면 해수욕이나 모래밭에서 축구 등 뛰는 운동을 할 수 있었던 것이 오늘의 건강의 기본이 되었다.

중학교는 읍으로 갈 수밖에 없었기 때문에 그때부터는 그러한 자유시간은 생각조차 할 수 없었으며 부모님을 떠나 생활하게 되었다. 처음 몇 주간은 부모님이 그리워 공부가 잘되지 않았으며, 매주 토요일 오후가 되면 어머님이 해주시는 음식과 또 일주일 동안 읍에서 먹을 식량과 반찬을 가지러 집으로 가는 일이 일주일의 마지막 일정이었다. 그때는 초등학교 시절의 집이 오늘의 고향과 같은 심정이었다. 이러한 생활은 고등학교까지 계속되었으며 대학은 대구로 가게 되었다. 섬에서 자라서 분지로 쌓여 있는 대구 기후에 적응하는 것은 무척 힘들었다. 건강이 좋지 못하면 고향 생각이 간절하다는 경험도 해보았다. 그리고 박사과정은 홀몸으로 일본 동경 대학에서 마무리를 했다.

누구나 성장하면서 생활 근거지를 옮기게 된다. 중고등학교 시절의 고향, 대학시절의 고향, 그리고 박사과정 때의 고향에 대한 향수는 조금씩 다르게 느껴진다. 나의 초등학교, 중등학교, 대학, 그리고 대학원 시절이 순탄하게 연속적으로 이루어진 것은 아니었다. 지금부터 70여 년 전의 우리나라 농어촌의 경제사정은 대단히 어려워 의식주를 해결하기에 급급했으며 수업이 끝나면 쇠꼴(소의 먹이, 풀)이나 땔감을 구하기 위하여 산이나 들로 나가야 했기 때문에 복습이나 예습은 생각조차 하지 못하였다.

그리고 지리적으로 고립되어 있는 섬이므로 보고 들으면서 배우는 것은 공부시간에 선생님들의 이야기가 전부였으며, TV나 신문으로부터 얻는 상식은 먼 꿈나라의 이야기였다. 그래서 중학교를 졸업한 나에게는 아무리 공부를 계속하고 싶은 욕망이 있어도 남해에 있는 고등학교에 진학하는 것이 최선의 방책이었으며 대학과 대학원은 꿈도 꿀 수 없었다. 그리고 오늘의 꿈을 이루기 위해 선배나 친척의 지도가 거의 없었던 우리 세대에는 오로지 자신과의 싸움의 연속이었다.

아직도 고향을 생각하면 어려웠던 어린 시절의 그 고향을 연상하게 된다. 비포장도로, 천수답, 보리밭과 보릿고개, 그리고 겨울의 고구마와 김치 등이 생활하는 데 전부였던 것처럼. 그러나 요즈음 간혹 자가용으로 고향을 찾으면 고향의 모습들이 시시각각으로 발전하는 것을 느끼면서 그 옛날의 이방인과 같은 착각을 할 때도 있다. 그리고 이곳이 오늘의 나를 있게 한 고향이라는 것을 마음속으로 되새기면서 떠나온다. 그리고 그동안 나는 고향을 위하여 어떤 보답을 하고 있는지 반문해 본다. 이 지면을 통하여 고향 남해 섬의 발전과 중고등학교의 앞날을 위하여 노고하시는 모든 분들에게 고개 숙여 인사드리고 싶다. 우리 고향 남해에 중학교와 고등학교가 있었기에 대학교수가 되어 교육과 연구에 전념할 수 있었다고 생각하며, 감사한 마음을 전한다.

열차가 달리면서 소모한 열을 다시 원래의 곳으로 모을 수 있다면,

즉, 열의 흐름이 가역 과정이라면!

2장

열 이야기

1. 열이란?

2. 열역학 법칙

3. 제2법칙과 엔트로피 변화의 수치화

4. 태양 복사열

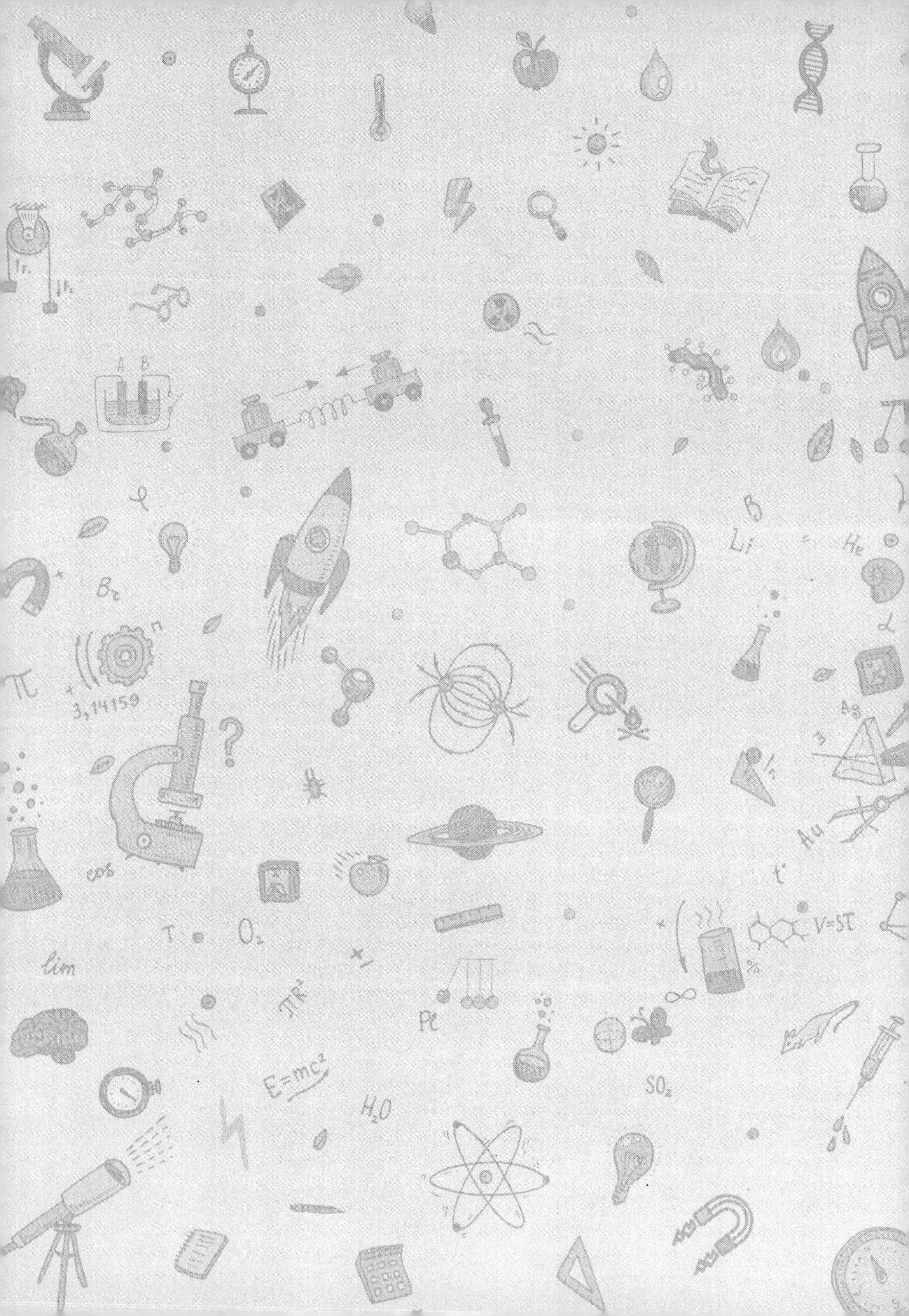
A B
Br
n
3,14159
Li
He
Ag
Au
cos
T
O2
lim
V=ST
%
Pt
E=mc²
H2O
SO2

1. 열이란?

하루는 손자손녀들이 필자의 손이 항상 따뜻하다며 왜 따뜻한지 질문을 해 왔다. 할아버지의 손이 너희들 손보다 열이 많기 때문에 따뜻하다고 대답했지만, 열이 무엇인지 재차 질문을 하였다. 열은 무엇일까?

물은 물 분자가 갖는 열에 따라 고체인 얼음이 되기도 하고 수증기와 같은 기체로 변하기도 한다. 열이라는 것은 물질을 구성하는 분자들이 가진 운동에너지와 관련되어 있다. 그래서 물이라는 분자들이 갖는 열이 작으면 얼음, 또 열이 많으면 수증기로 모양(상태)이 변한다. 이러한 것을 물질의 고체, 액체, 기체의 3가지 상태라고 부르며, 3차원상에서 물질들의 형태가 온도에 따라 바뀌게 된다. 고체에서는 분자가 서로 끌어당겨 강하게 결합되어 있으며 분자는 각각의 위치에서 미세하게 진동을 하고 있다. 그러나 열이 높아짐에 따라 진동은 점점 활발해진다.

기체는 그림과 같이 고체 분자보다 분자 간 거리가 더 커져 기체 분자가

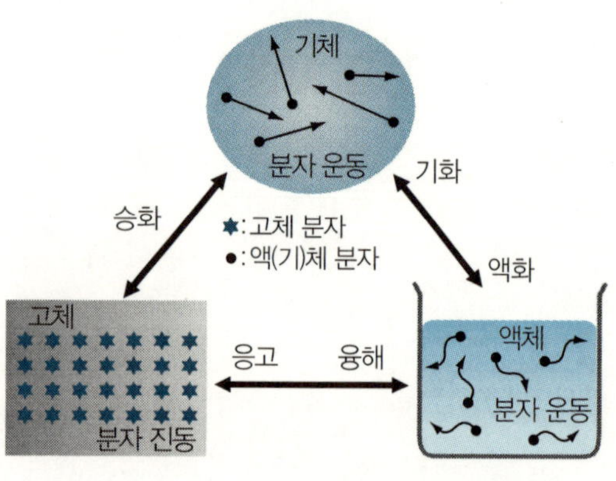

그림 2-1 열로 인한 물질의 상태 변화

운동하는 공간이 넓어지면서 아주 격렬하게 운동하게 된다. 열이 높으면 높을수록 분자의 운동이 활발해지는 것은 분자가 움직이는 속도가 빠르기 때문이다. 그래서 고체와 액체 상태보다 기체 상태의 물 분자가 갖는 운동 에너지($\propto$ (속도)^2, $(1/2)mv^2$)가 가장 크다. 그림에서와 같이 액체는 고체와 기체의 중간 상태이고 물 분자는 어느 정도 자유로이 움직이면서 진동을 한다. 이와 같은 운동을 열운동이라고 하며 공기 속에서 산소 분자는 1초 동안에 500 m 정도 움직인다고 한다.

이와 같이 열운동에 대하여 다른 하나의 예를 들겠다. 손자, 손녀들과 함께 그림 2-2와 같이 가스레인지에 주전자를 올려놓았더니 얼마 후에 주전자에서 김(수증기)이 나오는 것을 보았다. 물이 주전자 속에서 끓고 있었다. 가스불은 천연가스가 공기 속의 산소와 결합(천연가스가 타는 현상)하면서 많은 열을 낸다. 이 천연가스가 타면서 높은 열이 주전자로 전달된다. 주전자는 열전달이 아주 좋은 금속으로 만들어져 있다. 주전자에 전달되는 열은 주전자를 구성하고 있는 원자(또는 분자)에 전달되므로 이들 원자들은 높은 열운동 에너지($\propto T$, T(절대 온도) = 273°C + 섭씨 온도)를 갖게 된다. 이 금속 원자가 가진 열운동 에너지가 주전자에 담겨 있는 물로 이동되면서 물이 따뜻해진다. 여기에서 온도가 가장 높은 것은 가스불이며, 그리고 주전자와 주전자 속 물의 순서이다. 열의 이동은 온도가 가장 높은 가스불로부터 주전자로, 그리고 주전자에 담겨 있는 물로 전달되는 것을 알 수 있다.

이때 주전자가 가스불로부터 받은 에너지를 열이라고 한다. 열을 계속 주전자에 가하면 주전자의 금속 원자 진동이 빠르게 일어나면서 그 열운동 에너지가 주전자 속의 물로 전달된다. 주전자로부터 물 분자가 받은 열에너지가 많으면 열운동이 활발해지면서 물의 온도가 빠르게 상승한다. 온도라는 것은 열운동의 정도를 나타내는 기준으로 섭씨(°C)와 화씨(°F)를 사용하며, 물이 얼음이 되는 온도를 0°C, 끓는 온도를 100°C로 결정하여 사용하고 있다. 가스불은 약 1000°C 이상까지 온도를 올릴 수 있으며, 주전자의 온도는 가스로부터 받은 열을 곧 주전자 속의 물로 전달하게 된다. 그러나 주전자의 물이 끓어 공기 속으로 증발하면서 기화열을 소모한다. 만약에 주전자 속에 물이 전부 증

그림 2-2 주전자 속의 물이 끓고 있는 모습

발하고 없으면 주전자의 온도는 가스불의 온도와 비슷해지면서 화재의 위험이 있다. 그래서 요즘에는 가스레인지 바닥의 온도가 270°C가 되면 자동으로 가스를 차단하는 장치가 부착된 상품도 나와 있다.

이와 같이 열은 온도가 높은 쪽에서 낮은 쪽으로 이동함을 알 수 있다. 그래서 할아버지 손으로부터 손자손녀들의 손으로 열이 흘러 손자손녀들이 따뜻함을 느끼게 된 것이다. 이러한 현상을 조금 더 구체적인 실례를 들어 설명해 보자. 열이 흐르는 방향을 이해시키기 위하여 그림 2-3과 같이 물속에 얼음을 넣었다. 이때 얼음이 물에 떠 있는데, 이것은 앞에서 물의 밀도가 얼음의 밀도보다 크기 때문이다. 긴 시간이 지나면 얼음이 전부 녹아 물의 온도가 일정하게 되어 더 이상 열의 흐름이 일어나지 않는다. 이 경우에 얼음이 녹아 없어졌다는 것은 온도가 높은 물에서 온도가 낮은 얼음으로 열의 흐름이 생겼다는 뜻이다.

얼음은 고체이므로 그림 2-1에서 설명한 것과 같이 분자들이 제자리에서 미소 진동을 하고 있지만, 물은 액체이므로 분자들이 어느 정도 자유롭기 때

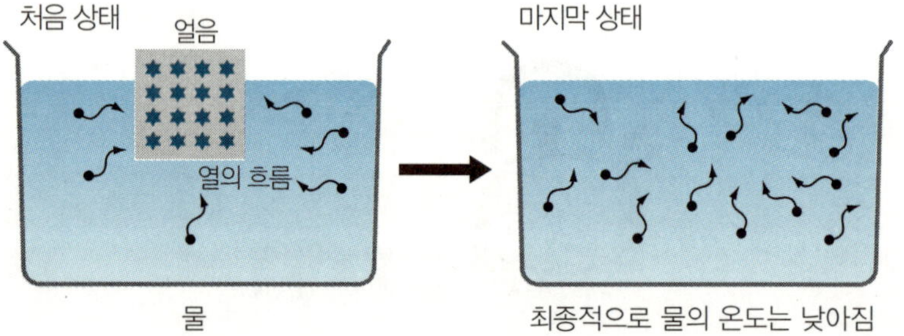

그림 2-3 물에 얼음을 넣었을 때 처음 상태와 얼음이 녹은 마지막 상태

문에 그림과 같이 운동을 하면서 열이 얼음 쪽으로 흐른다. 그러면 지금부터 손자손녀의 질문을 조금 더 구체적으로 설명해 보자. 누군가와 악수를 할 때 상대방의 손이 따뜻하다고 느끼면 상대방의 손바닥이 갖는 열이 많아 열운동 에너지가 크다고 생각할 수 있다. 그러나 두 사람이 오래 손을 잡고 있으면 따뜻함을 느낄 수 없다. 이러한 현상은 그림 2-3에서 얼음이 녹아 물의 온도가 일정하게 된 경우와 유사하다. 이 경우 얼음은 손자손녀의 손, 물은 할아버지의 손과 같은 역할을 한 것이다. 이러한 현상을 그림 2-4와 같이 나타냈을 때 온도가 높은 할아버지 손의 열운동 에너지가 온도가 낮은 손자의 손으로 이동하여 두 사람 손의 온도가 같아지는 현상과 같다.

앞에서 이야기했던 주전자 속의 물이 갖는 열운동 에너지는 온도가 가장 높은 가스불로부터 주전자로 이동하여 주전자 속의 물로 전달되었다. 그래서 앞에서 가스불의 열운동 에너지가 가장 높으며, 주전자 속의 물의 열운동 에너지가 가장 낮다. 이러한 현상과 같이 열운동은 온도가 높은 쪽에서 낮은 쪽으로만 흐르며, 반대로 낮은 쪽에서 높은 쪽으로는 흐르지 않는다. 이러한 현

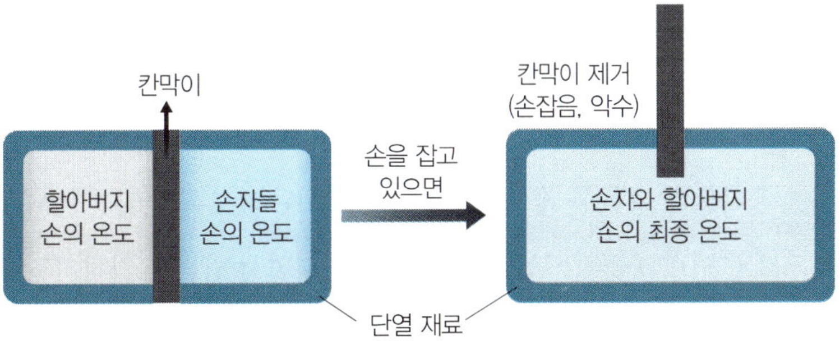

그림 2-4 두 사람이 오래 손을 잡고 있으면 온도가 높은 쪽에서 낮은 쪽으로 열이 이동하여 최종적으로 온도가 같게 된다.

상을 물리에서 비가역 과정이라고 한다.

질문 할아버지! 열이 높은 곳에서 낮은 쪽으로 이동하는 이유를 이해할 수 없어요. 조금 더 쉽게 설명해 주시겠어요?

답 앞에서 공부한 것 중에서 가스 분자가 가지고 있는 열운동 에너지, 주전자의 금속 원자가 가지고 있는 열운동 에너지, 물 분자가 가지고 있는 열운동 에너지를 기억해 보자. 어느 쪽의 열운동 에너지가 가장 높을까? 가스 분자가 가지고 있는 열운동 에너지가 가장 높다는 것을 기억하고 있을 것이다. 질량(또는 무게)이 비슷한 기체에서 운동 에너지가 크다는 것은 운동하는 분자의 속도가 크다는 것을 의미하지. 앞에서 운동 에너지는 속도의 제곱(v^2)에 비례한다고 하였지! 그림 2-5(가)는 할아버지의 손을 잡기 전을 나타낸 그림으로, 그림의 왼쪽 방은 할아버지의 손바닥의 열 분자를 나타내고, 오른쪽 방은 너의 열 분자를 나타낸 것이야. 이 그림에서와 같이 온도가 높은 열 분자(온도가 높은 분자)가 왼쪽 방(할아버지의 손의 온도가 높으므로)에는 19개이고 오른쪽 방(손자의 손)에는 온도가 낮으므로 5개 있다고 가정하자. 단열재로 만들어진 방에 분자 수가 많으면 분자 간에 서로 충돌하는 횟수가 많겠지.

이 열 분자들은 충돌한 후에도 멀리 도망갈 수 없도록 단열재 방에 가두어져 있으므로 서로 충돌하기도 하고 벽에 충돌되면서 압력을 가하기도 한다. 그러나 중간에 설치되어 있는 칸막이(밸브)를 열면, 왼쪽 방에 있던 따뜻한 열 분자들(속도가 큼)은 충돌에 의해 압력이 작은 오른쪽 방으로 이동하게 된다. 이

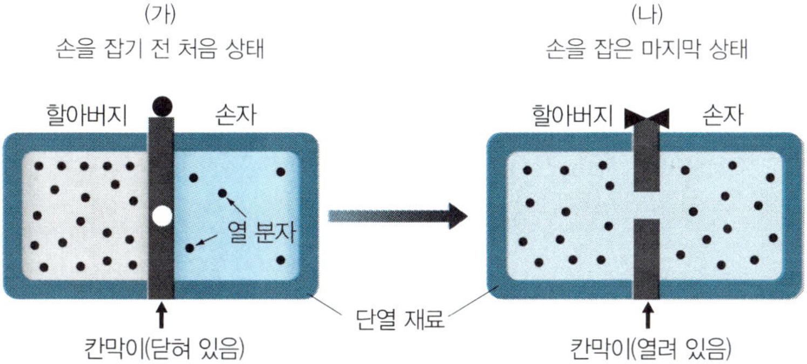

그림 2-5 열 분자의 이동

칸막이를 열었다는 것은 손자가 할아버지의 손을 잡은 것과 같다. 그리고 시간이 조금 지나면 그림 2-5(나)와 같이 왼쪽 방에 있던 열 분자들이 오른쪽 방으로 밀려 나가면서 왼쪽 방의 열 분자 수가 줄어든다. 이어 열 분자 수가 줄어들면서 서로 충돌하는 횟수가 줄어들게 된다. 오랜 시간이 지나면 왼쪽 방과 오른쪽 방에 들어 있는 열 분자 수와 분자가 갖는 운동 에너지가 비슷하게 되어 왼쪽과 오른쪽 방의 열 분자가 충돌하는 횟수가 비슷해져(속도가 같아짐) 열 분자의 이동이 더 일어나지 않게 된다. 이러한 경우가 손자들이 할아버지 손을 오랜 시간 잡고 있을 때와 같다. 이와 같이 온도가 높은 곳에서 낮은 곳으로 전달되는 원리는 열 분자의 충돌에 의한 열 분자의 이동으로 설명할 수 있다.

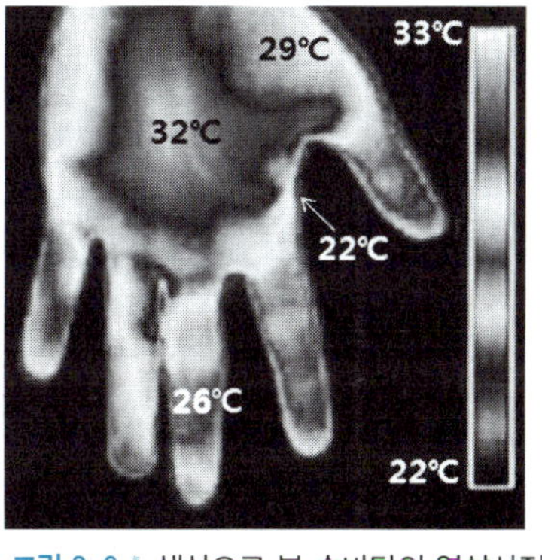

그림 2-6 섹싱으로 본 손바닥의 열상사진

그러면 앞에서 손자들과 이야기했

던 손바닥의 온도는 사람의 체온에 따라 약간의 차이는 있지만 그림 2-6과 같이 분포해 있다는 것을 알 수 있다. 즉 손바닥의 열은 누구에게나 비슷하게 분포되어 있지만 손바닥의 중심 온도가 32 ~33°C로 가장 높으며 손가락 주변의 온도는 22°C 정도로 나타난다.

질문 할아버지가 질문을 하나 할게. 방 안 책상 위에 있는 책과 금속 가위를 만졌을 때 어느 쪽이 차갑게 느껴질까?

답 앞에서 주전자와 같은 금속은 열이 잘 전달된다고 했으므로 손바닥의 열이 책보다 가위 쪽에서 더 빨리 이동하므로 가위가 차갑게 느껴져요.

가위가 책보다 열전달이 잘된다는 이야기를 듣고 보니 지금부터 이야기를 조금 바꾸어 열전달에 관하여 이야기를 해 보자. 우리들은 일상에서 휘발유, 석유, 석탄 같은 탄소 에너지를 사용하여 방을 따뜻하게 하고 있다. 방의 온도를 높여 놓으면 계속 방 안이 따뜻해야 할 텐데 시간이 조금 지나면 방 안의 온도가 다시 낮아질 것이다. 그 많은 열이 전부 어디로 갈까? 집 안의 열을 관리하는 차원에서 한번쯤 생각해 볼 일이다.

질문이 나왔으니 조금 더 이야기하고자 한다. 주방에서 사용하는 기구 중에서 음식을 익혀 먹는 데 쓰는 기구, 즉 솥, 냄비 등은 전부 금속으로 만들어져 있다. 금속은 표 2-1(숫자가 큰 쪽이 열전도가 좋은 물질임)과 같이 열전달이 잘되어 가스의 불꽃으로부터 받은 열이 다시 음식으로 전달되어 음식을 요리할 때 시간이 단축되며 연료의 소비도 줄일 수 있다. 만약에 열전달이 잘되지 않는 물

표 2-1 몇 가지 재료의 열전도도($W/m \cdot K$)

금속재료	열전도도	건축재료	열전도도	기체	열전도도
스테인리스 스틸	14	폴리우레탄 거품	0.024	건조한 공기	0.026
알루미늄	235	유리섬유	0.048	수소	0.18
구리	401	백송	0.11	알코올	0.15
은	428	창유리	1.0	에어로젤	0.001

질로 주방기구를 만들면 식사를 준비하는 시간이 길어지고 가스나 전기를 오랜 시간 사용해야 하므로 생활비 지출이 많아질 것이다.

우리는 생활 속에서 열이 잘 전달되는 성질을 이용할 때도 있지만, 반대로 열이 잘 전달되지 않는 성질을 이용할 때도 있다. 예를 들면 우리가 겨울에 입는 옷을 생각해 보자. 앞의 열전도도를 나타낸 표에서 알 수 있듯이 창유리는 1.0이며, 건조한 공기는 0.026이다. 공기가 창유리보다 약 40배 열전도가 나쁜 것으로 나타나 있다. 그것의 예로 옷이 두툼하여 열전도가 낮은 공기를 많이 품고 있으면 우리의 체온을 잘 보호해 준다. 반대로 열전달이 잘되는 재료로 만들어진 옷을 입으면 시원할 것이다. 이와 같은 원리는 그림 2-7과 같이 우리가 살고 있는 방 안의 온도를 보존하기 위해 열전달이 잘 안 되는 물질을 사용하는 경우와 같다. 겨울에는 방 안의 열이 온도가 낮은 밖으로 흘러나가는 것을 막을 수 있으며, 여름에는 밖의 더운 열이 방 안으로 들어오지 못하게 방지할 수 있다. 그래서 실내의 온도를 잘 보존하면 전기나 가스연료를 절약할 수 있다.

집을 짓는 데 사용하는 건축 자재, 예를 들면 벽돌, 창문과 창틀 등이 열이 잘 전달되는 물질이면 겨울에 난방비가 많이 들 것이다. 집을 지을 때 그림 2-7과 같이 하면 겨울에는 방 안의 따뜻한 공기를, 여름에는 밖의 더운 공기를 차단하여 전기나 가스를 절약할 수 있다. 창틀 재료로 알루미늄을 많이 사용하는 데 알루미늄은 열전달이 좋아 집 안의 온도를 보온하기에는 적절하지 못하므로 요즘은 새로운 유기물합성재료로 창문틀 등을 만들어 사용하고 있다.

지금까지 열전달이라는 이야기를 중심으로 우리 생활에 필요한 열관리에 대한 기본 이야기를 하였다. 열전달은 열에너지를 갖고 있는 분자나 원자의 진동 또는 운동에 의하여 열이 다른 곳으로 전달되는 과정이다. 그러나 분자의 열운동으로 열전달을 이해하는 것은 쉬운 일이 아니다. 그래서 온도라는 개념으로 바꾸어 이야기를 하게 된다. 열운동 에너지를 온도라는 용어로 나타내어 방 안의 온도가 26°C라고 표현하면 쉽게 이해할 수 있다.

우리 생활에서 열을 이해하는 데는 열전달만큼 중요한 **비열**이라는 용어가 있다. 앞 장에서 물은 비열이 가장 크다는 이야기를 떠올려 보자. 비열은 4°C의

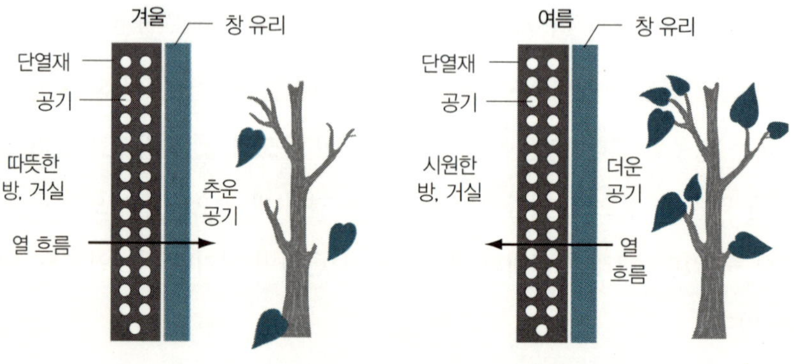

그림 2-7 일반 집에서의 겨울과 여름의 열 흐름 방향

물 1 g을 1°C 올릴(내릴) 때 물이 흡수(방출)하는 열에너지(칼로리, cal)이다. 예를 들면, 1 g의 물을 10°C에서 100°C로 만들려면 90 cal의 열이 필요하며, 100°C 물을 100°C 수증기로 바꾸려면 기화열 539 cal가 필요하다. 물이 상태 변화를 할 때의 온도와 열량 관계를 그림 2-8에 나타내었다.

물체가 외부로부터 열에너지를 받아(주어) 온도가 얼마나 올라(내려)가느냐에 관한 문제는 비열이라는 용어로 표현하게 된다. 만약에 질량이 서로 같으면서 비열이 큰 물질과 작은 물질에 외부로부터 똑같은 열을 가했을 때 비열이 작은 쪽은 비열이 큰 쪽보다 온도가 높게 올라가게 된다는 것을 뜻한다. 그래서 임의의 질량을 갖는 물체의 온도를 1°C 올리는 데 소요되는 열량을 **열용량**($Q = mc\Delta t$; m은 질량, c는 비열, Δt는 온도 변화)이라고 한다. 따라서 비열은 단위 질량에 대한 열용량으로, 비열(c)이 크면 온도 변화(Δt)가 작다. 즉 비열 수치는 온도 변화(Δt)에 상반된다.

비열이 가장 큰 물질은 물이며 작은 물질은 금속 종류이다. 주방에서 요리

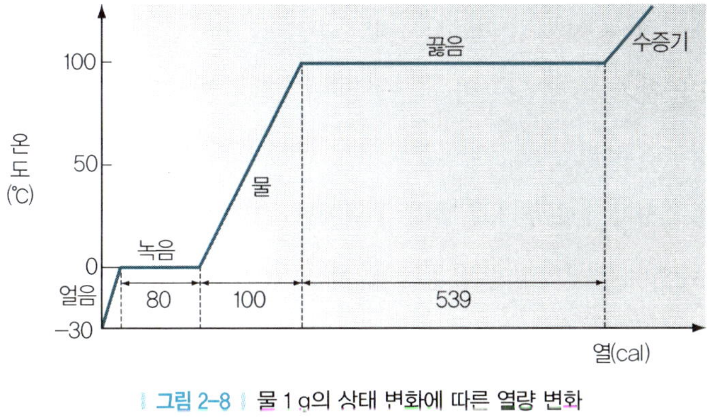

그림 2-8 물 1 g의 상태 변화에 따른 열량 변화

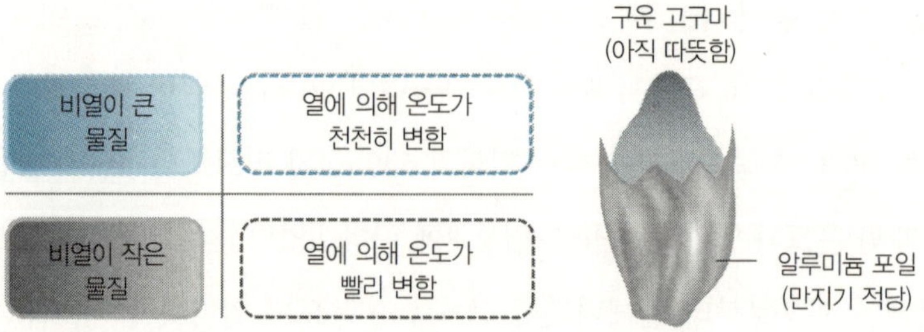

그림 2-9 고구마 구워 먹기

할 때 사용되는 주방기구를 한 번 더 생각해 보자. 주방기구들은 비열이 작은 금속으로 만들어져 있으므로 외부로부터 똑같은 열을 가했을 때 온도가 높게 올라갈 수 있다는 이점을 가지고 있다. 앞에서 열전달이 잘되어 온도가 빨리 올라간다고 이야기하였다. 결론적으로 금속은 열전달도 잘되고, 또 비열이 작아 온도가 빨리 높게 올라가고 또 빨리 낮아지므로 요리하는 데 드는 시간을 줄여준다. 그리고 물은 온도가 천천히 올라가므로 영양분의 파괴를 줄이거나 조리하는 시간에 맞춰 따뜻한 음식을 만들 수 있게 한다.

끝으로 생활 속에서 금속의 열전달과 비열을 활용한 예로, 겨울에 고구마나 감자를 구워 먹을 때 알루미늄 포일을 이용하는 것을 들 수 있다. 그림 2-9와 같이 알루미늄 포일은 금속이므로 열전달이 잘되면서 비열이 작아 온도가 빨리 높게 올라가서 고구마가 빨리 구워지며, 또 알루미늄의 온도가 빨리 낮아지므로 손으로 알루미늄을 집을 수 있어 구운 고구마를 잡고 먹기에 편하다.

2. 열역학 법칙

열운동에 관한 법칙을 조금 더 알아보자. 열운동에 관한 법칙으로는 제1법칙과 제2법칙이 있다. 한편, 앞에서 할아버지가 손자손녀의 손을 오랫동안 잡고 있으면 최종적으로 손바닥 온도는 같아진다는 것을 열역학 제0법칙이라고 이야기하는 사람도 있다. 제1법칙은 열에너지 보존의 법칙이라고 한다. 그림 2-10과 같이 "어떤 물체가 외부로부터 받은 에너지는 물체 내부의 열에너지 증가량에 물체가 외부에 대하여 한 일(에너지)을 합한 것과 같다"라는 것이

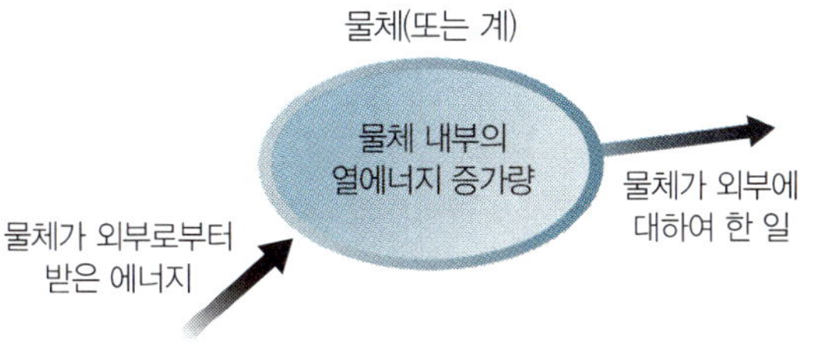

그림 2-10 열역학 제1법칙의 모형도

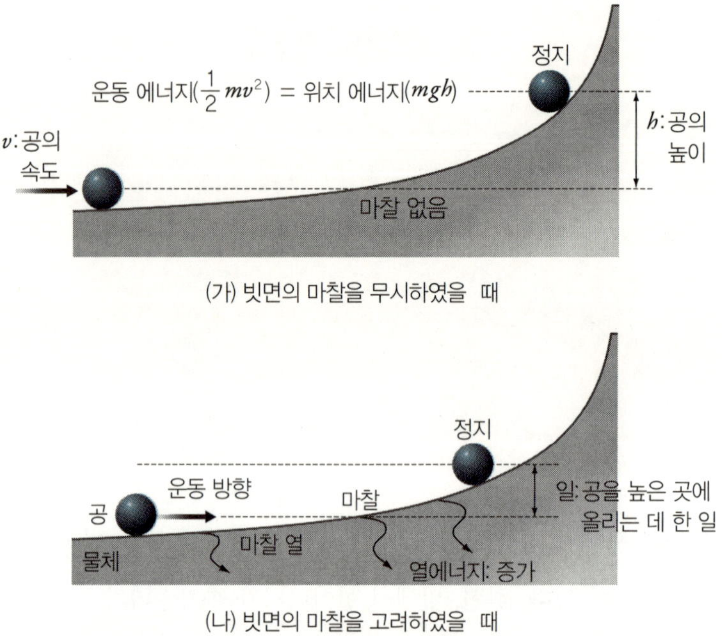

| 그림 2-11 | 열역학 제1법칙의 실제 예

열역학 제1법칙이다.

그림 2-11에 실생활에서 일어날 수 있는 예를 열역학 제1법칙에 비유하여 나타내었다. 그림 2-11(가)와 같이 빗면을 따라 운동하는 공은 빗면과의 마찰이 없다고 가정한 것이다. 빗면을 향한 공의 속도를 v라고 하면 그때 공이 갖는 운동 에너지는 $(1/2)mv^2$이 된다. 그리고 빗면을 오르다가 멈춘 공의 높이를 h라고 했을 때 공이 갖는 위치 에너지는 mgh로 주어진다. 4장에서 공부하게 될 공의 역학적 에너지는 일정하게 보존되므로 $(1/2)mv^2 = mgh$로 주어지며 공이 올라갈 수 있는 높이는 속도의 제곱(v^2)에 비례한다.

그림 2-11(나)는 공이 빗면을 굴러 올라갈 때 빗면과의 마찰로 열이 손실한다고 가정했을 때이다. 공이 처음의 속도 v로 그림과 같은 빗면으로 굴러 올라가면 공과 빗면과의 마찰에 의해 열이 발생하면서 속도가 점점 느려지고 열은 비탈면으로 이동한다. 따라서 빗면을 이루고 있는 물체는 공으로부터 열을 받아 내부 열에너지가 증가할 것이다. 그리고 공은 빗면(물체)에 의해 높은 곳까지 올라가게 되어 마치 빗면이 공에 대하여 일을 한 결과처럼 된다. 이러한 현상이 열역학 제1법칙을 모형화한 그림 2-10과 같은 실제의 예이다.

열역학 제1법칙의 실제 예는 마치 수업시간에 선생님(빗면 물체에 비유)이 학생들(공에 비유)을 열심히 잘 가르치고, 학생들이 잘 듣고 배워서 그 과목에 대한 지식이 향상된 것으로 설명될 수 있다. 따라서 선생님이 수업준비를 많이 하여 지식이 풍부하다는 것은 학생들을 쉽게 잘 이해시켰다고 이야기할 수 있다. 그리고 선생님과 학생 간에는 호흡이 잘 맞아 마찰(열 손실)이 적으면 그림 2-11(가)와 같이 높은 곳까지 올라갈 것이다. 결과적으로 마찰에 의해 열손실이 적어 공이 빗면의 높은 곳까지 올라가는 것처럼 지식이 풍부한 선생님이 학생을 가르치면 학생의 지식이 크게 향상될 것이다. 또한 학생들은 향상된 지식을 사용하여 사회에 나아가 더 많은 일을 환원할 수 있을 것이다.

열운동에 관한 제1법칙은 외부로부터 한 번 받은 에너지가 일도 하고 또 열에너지로 흘러나가 손실도 된다. 만약 흘러나간 열을 다시 원래의 상태로 되돌릴 수만 있다면 똑같은 일을 계속 반복할 수 있는 기계를 만들 수 있다. 열에너지는 온도가 높은 곳에서 낮은 곳으로 이동한 후에 다시 원래 있었던 높은 곳으로 되돌아오지 않는다. 이러한 현상을 열운동에서 비가역 과정이라고 하였다. 그래서 열역학 제2법칙은 "영원한 기관(영구기관)은 만들 수 없다"라고 한다. 이 이야기는 서울에서 출발한 열차가 부산까지 오면서 소모한 열에너지를 다시 모으면서 그 열에너지를 재사용하여 다시 서울까지 되돌아 갈 열차를 만들 수 없다는 뜻과 같다. 나이 많은 우리 인간도 에너지가 높은 젊은 세대로 되돌아 갈 수 없는 것 또한 비가역 과정이다.

열역학 제2법칙은 열을 전부 일로 바꿀 수 없으며 원래의 에너지로 되돌릴 수도 없는 것이다. 열이라는 에너지는 질이 좋지 못한 에너지이다. 자연계 속에 있는 여러 종류의 에너지, 즉 운동 에너지, 위치 에너지, 전기 에너지, 빛 에너지, 핵에너지 등은 최종적으로 열에너지로 변환되며, 고온 물체에서 저온 물체로 이동하여 모든 물체가 같은 온도로 되어 버린다. 결과적으로 제2법칙은 에너지의 흐름을 나타내는 법칙이다.

이와 같이 비가역 현상으로 열역학 제2법칙을 설명할 수 있으며, 일명 엔트로피 법칙이라고도 한다. 자연 속에서 일어나는 모든 현상들은 에너지가 낮

(가) (나) (다)

그림 2-12 (가) 서 있는 사람은 앉고 싶고 (나) 앉아 있는 사람은 눕고 싶고 (다) 누워 있는 사람은 자고 싶다.(출처: shutterstock)

은 안정한 곳으로 이동하려고 한다. 그림 2-12와 같이 사람은 서 있는 것보다 앉는 것이 더 안정하고, 앉는 것보다 눕는 것이 더 안정하다. 이것은 사람의 무게중심이 낮아져 위치 에너지가 작아지기 때문이다. 역학적 에너지(운동 에너지+위치 에너지) 중에서 사람이 정지해 있으므로 운동 에너지는 없다고 가정했을 때 무게중심이 낮아지는 것은 위치 에너지가 낮아진 것이며, 즉 역학적 에너지가 낮아지기 때문에 안정하다고 할 수 있다.

앞에서 열은 에너지가 낮은 곳으로 흐른다고 하였다. 이와 같이 지구상의 모든 에너지는 최종적으로 열에너지로 바뀌며, 그 에너지는 낮은 곳으로 흘러 소멸되는 것처럼 인간도 어렵게 사는 것보다 쉽게 살면서 일생을 보내려고 하는 경향이 있다. 예를 들면 횡단보도를 신호등에 맞추어 건너야 되는데 모두들 신호등을 무시하고 자기가 편한 대로 건너게 되면 교통사고뿐만 아니라 교통질서의 혼란을 유발하게 된다. 그렇게 되면 모든 사람들이 질서를 파괴하는 일이 되며 이러한 일들이 사회 곳곳에서 일어나게 되면, 그 사회는 혼돈의 상태로 변하게 된다. 이와 같이 혼돈된 상태는 엔트로피가 증가된 상태이며, 그러한 사건들이 발생할 수 있는 확률이 높은 상태이다. 그래서 민주주의 국가에서는 법을 통해 질서 있는 사회를 만들기 위하여 노력한다.

열 분자(또는 원자)는 열운동 에너지가 낮은 쪽, 즉 주위에 온도가 낮은 곳이 있으면 물처럼 흘러간다. 이러한 것을 시각화하기 위해 먹물통과 깨끗한 물을 담은 물통을 그림 2-13에 나타내었다. 그림 2-13(가)는 붓글씨를 쓸 때 사용하는 먹물이다. 그리고 그림 2-13(나)는 우리가 먹을 수 있는 음료수이다. 각각의 물은 사용되는 용도가 다르다.

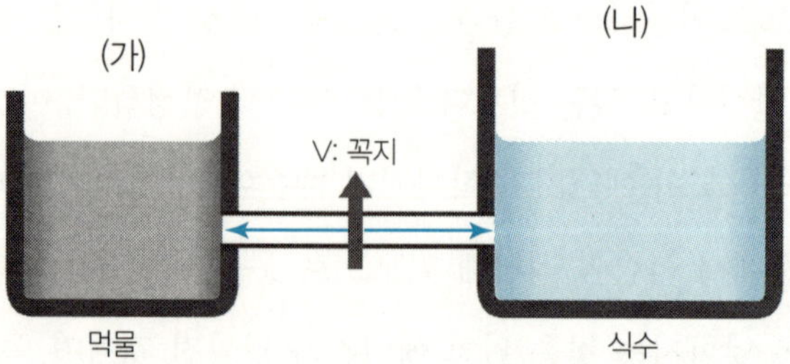

▮ 그림 2-13 ▮ (가) 먹물통, (나) 깨끗한 물을 담은 통

그림에서 V라는 꼭지를 열면 먹물이 깨끗한 물 쪽으로, 또는 깨끗한 물이 먹물 쪽으로 이동하면서 최종적으로 어떤 색을 갖는 물이 되겠는가? 검게 보이는 희석된 물이 될 것이다. 이 물은 결국 붓글씨에 사용할 수도 없고, 또 먹지도 못하게 되어 버릴 것이다. 처음에는 두 종류의 물이었지만, 섞이면서 용도를 상실한 물이 된 것이다. 이러한 현상을 질서도—먹물과 음료수의 용도가 상실된 혼돈 상태—가 낮은 상태라고 이야기한다. 자연계에서는 모든 현상들이 에너지가 낮은 상태로, 그리고 구속된 상태에서 좀 더 자연스러운 상태로 변화하려는 쪽으로 진행되고 있다. 그래서 국가는 질서 있는 방향으로, 또 국민이 바라는 방향으로 사회를 발전시켜 영광스러운 국가를 후손에 물려주려고 노력하고 있다. 이러한 일들은 성숙한 민주주의 국가일수록 언제나 앞장서고 있다.

3. 제2법칙과 엔트로피 변화의 수치화

우리 주변의 모든 자연 현상들은 엔트로피가 증가하는 방향으로 변한다. 그림 2-3에서 물속에 얼음을 넣으면 물의 열이 얼음 쪽으로 이동하여 마지막에는 같은 온도를 유지하게 된다. 그리고 그림 2-13에서 먹물과 유료수도 최종적으로 하나의 상태로 변한다. 엔트로피가 증가하는 현상을 '자연스러운' 과정으로 정의하기도 한다. 따라서 엔트로피를 그 계(系, system)가 가지는 자유도라고도 한다. 엄밀하게 이야기하면 외부와 단절된 독립된 한 계에서 구성원의 모든 개체들이 가질 수 있는 여러 가지 경우의 수, 즉 상태와 상황의 빈도가 엔트로피를 증가시키는 방향으로 일어난다는 것이다.

예를 들어 독재자가 국민들의 행동을 하나하나 구속하기 시작하면 그 사회는 엔트로피, 즉 자유도가 감소하는 사회로 변하게 될 것이며, 이는 자연현상에 위배되는 일이라고 할 수 있다. 지금까지 우리 주변에서 일어나는 현상들은 엔트로피가 증가하는 방향으로 변하는 것을 정성적으로만 설명하였다.

그래서 이러한 사실을 조금 더 이론적으로 근거 있게 이야기한다면 더욱 더 이해를 도울 수 있을 것이다. 이 점에 대하여 구체적으로 생각해 보자.

우리나라는 중국, 러시아, 일본, 미국 등 세계 강대국으로부터 많은 관심을 받고 있는 지리적으로 중요한 지역에 위치하고 있다. 조그마한 한반도에서 북한은 지속적으로 핵실험을 하고 있다. 우리 정부는 이에 대한 방어 전략으로 미국과 협력하여 사드(THAAD, 고고도 미사일 방어 체계)를 배치함으로써 북한의 핵개발 정책을 억제하고 핵 공격에 대비하고자 노력하고 있다. 그러나 사드를 설치하려고 하는 지역에서는 이에 대한 반발로 지역 감정이 치솟고 있다. 여기서 주민들의 반대 의견을 중심으로 일어나는 일들을 통계적 방법을 사용하여 엔트로피 변화에 대하여 살펴보자.

그림 2-14에는 집단별로 찬성과 반대를 화살표로 나타내었다. 만약 정부가 어떤 지역에 사드를 설치하려고 하였을 때 그 지역의 구성요소를 크게 분류하여 8개의 집단으로 나누었다고 가정하자. 8개의 집단이 사드 배치를 전부 반대한다면 그림의 2-14(a)의 경우가 된다. 그러나 북한이 가지고 있는 핵에 대한 위험성을 고려하면서, 또 국가와 후손들의 장래를 생각하면서 정부의 시책에 대한 이해로 하나의 단체가 찬성을 했다면 그림(b)의 경우로 바뀔 것이다. 그림과 같이 폐쇄된 지방 자치단체의 8개 집단이 매일 같이 국가 장래를 위하여 대화의 문을 열고 서로 찬반의 이야기를 함으로써, 또 국가의 사드 설치에 대한 필요성을 인정하기 시작하면, 집단의 성격이 표 2-2와 같이 9개의 구분으로 분류될 수 있다.

그림 2-14에서 8개의 단체가 사드 배치를 반대하는 쪽에 남을 것인지 찬성

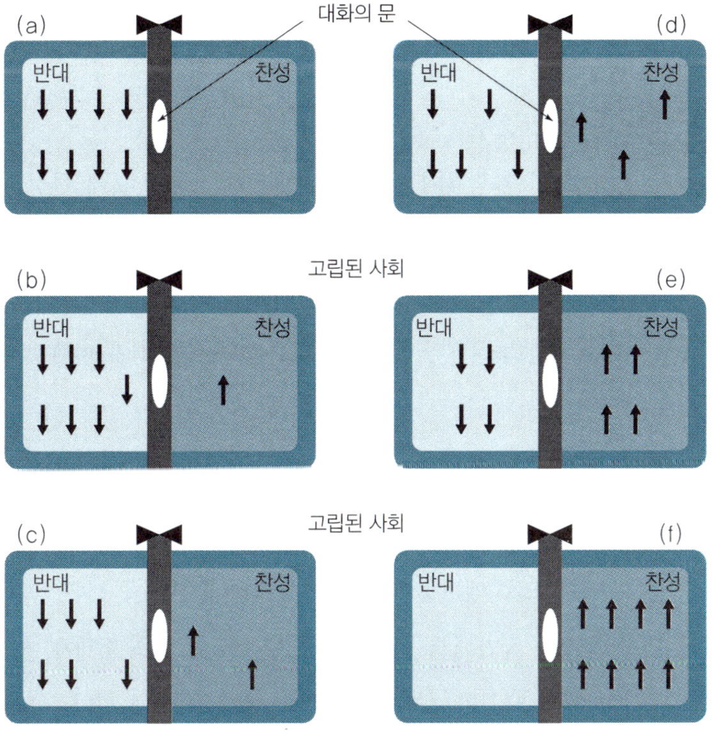

그림 2-14 고립된 집단의 반대(↓)와 찬성(↑)에 대한 분포도

하는 쪽에 남을 것인지에 대한 배열 방법의 경우의 수 W를 계산하면 256종류가 된다. 계산 방법은 고등학교 과정의 순열과 조합을 공부한 학생이면 이해할 수 있을 것이다. 1877년도 오스트리아의 물리학자 볼츠만(Ludwig Boltzmann)은 배열에 대한 경우의 수(W)와 배열의 엔트로피(S) 사이에는 $S = k\ln W$(볼츠만의 엔트로피 방정식, 묘비에 새겨져 있음)의 관계가 있다고 하였다. 이 식으로 엔트로피를 계산하면 구분Ⅰ에서는 0, 구분Ⅱ에서는 2.08, 구분Ⅲ에서는 3.33, 구분Ⅳ에

서는 4.03, 구분V에서는 4.25로 엔트로피가 증가하고 있음을 알 수 있다. 구분V는 4개 집단이 반대하고 나머지 4개 집단은 찬성하여 집단별로 평형을 이루게 되며 경우의 수가 2종류로 나누어졌다.

또 반대로 8개의 집단이 자기 지역에 사드를 설치하는 것에 찬성하는 구분IX에서부터 반대하는 집단이 점점 늘어 구분V로 변하여도 엔트로피는 증가하게 된다. 이러한 현상들은 앞에서 설명하였던 할아버지의 손바닥의 열이 손자의 손바닥으로 흘러 최종적으로 두 사람의 손바닥 온도가 같게 되는 현상과 유사하다. 그리고 따뜻한 물속에 얼음을 넣었던 그림 2-3과 같은 현상으로도 설명할 수 있다. 그래서 열의 이동 때문에 엔트로피는 증가하고, 계에 투입한 에너지보다 많은 에너지를 계로부터 얻을 수 없으며, 사용한 에너지보다 큰 에너지를 얻을 수 없으므로 엔트로피는 항상 증가하게 된다.

민주주의가 발달한 국가에서 자유도, 즉 엔트로피가 최고치에 도달하면 더 이상의 변화가 일어나지 않고 안정된 평형상태를 이루게 된다. 이러한 사

표 2-2 집단의 성격분포에 따른 엔트로피 변화

집단의 성격 분포			경우의 수, W	W의 계산	엔트로피 (10^{-23} J/K)	참고
구분	반대	찬성				
I	8	0	1, 0! = 1	8! / (8! × 0!) = 1	0	그림 2-14(a)
II	7	1	8	8! / (7! × 1!) =8	2.08	(b)
III	6	2	28	8! / (6! × 2!) =28	3.33	(c)
IV	5	3	56.	8! / (5! × 3!) =56	4.03	(d)
V	4	4	70	8! / (4! × 4!) =70	4.25	(e)
VI	3	5	56	8! / (3! × 5!) =56	4.03	
VII	2	6	28	8! / (2! × 6!) =28	3.33	
VIII	1	7	8	8! / (1! × 7!) =8	2.08	
IX	0	8	1	8! / (8! × 0!) =1	0	(f) 전부 찬성

회는 자유롭고 문화가 다양해져 불교에서 말하는 해탈의 경지에 도달하게 된다. 유럽과 같은 민주주의 전통이 오래된 나라에서 이러한 사회를 간혹 접하게 되는데 이러한 사회가 모두 하나의 공동체로 이루어져 있으면 전 세계가 지상 낙원이 되겠지만, 만약에 어느 하나의 국가가 나쁜 행위를 하면 그 행위에 대하여 방어할 능력이 없는 무기력한 나라가 된다. 오늘날 IS 무장단체의 행위, 핵무기의 억제 정책에 반발하는 국가의 행위, 먼 바다 속에 있는 작은 섬을 자기 나라의 영토라고 주장하는 행위 등은 세계인이 누릴 수 있는 다양하고 자유스러운 문화를 창출하는 일을 방해하는 행위라고 생각된다. 이렇게 혼란스러운 시기에도 우리 모두 질서가 있으면서 깨끗한 나라를 만들어 후손들에게 물려줄 수 있도록 노력해야 한다.

4. 태양 복사열

열복사(thermal radiation) 또는 복사(radiation)는 물질을 구성하는 원자들이 열에 의해 들떠서 전자기파를 방출하는 현상이다. 전자기파(그림 3-2 참조)는 전하를 가진 입자들의 가속 운동으로 생긴다. 물질을 구성하는 원자 안에는 전하를 가진 입자(양성자와 전자)들이 있는데 이들이 열에너지를 받아 운동함으로써

▮ 그림 2-15 ▮ 벽난로(출처: shutterstock)와 태양으로부터 나오는 복사열(동해안에서 촬영)

전자기파가 방출된다. 열복사는 전자기파로 전달되므로 별도의 매질이 필요하지 않고 빛의 속도로 전달된다. 그림 2-15와 같이 태양 에너지가 전해지는 것도, 난로에 가까이 가면 따뜻함을 느끼는 것도 모두 복사 때문이다.

요즘 화성 탐사에 관한 영화를 종종 접할 수 있다. 화성은 태양으로부터 지구 다음으로 먼 곳에서 태양을 중심으로 타원 운동을 한다. 그래서 지구보다 온도가 낮으며 인간이 처음 남극을 탐험할 때처럼 어려운 점이 많다. 태양 에너지는 열복사를 통해서 지구로 전달된다. 지구는 태양으로부터 1억5천만 km나 떨어져 있고 그 사이의 공간은 물질이 극히 희박한 진공이다. 그래서 매개물질이 거의 없기 때문에 태양열은 전도나 대류로 전해질 수 없다. 설령 태양 에너지가 전도나 대류에 의해서 지구까지 도달한다고 해도 지구를 둘러싸고 있는 대기층을 통과하여 지표로 전달될 수는 없다.

그 이유는 앞에서 이야기하였듯이 공기의 열전도율이 아주 낮기 때문에 저 멀리 떨어져 있는 태양열의 전도에 의한 열전달을 가로막고 있기 때문이다. 그리고 만약에 태양열이 대류에 의해 열전달이 일어난다면 상층의 공기가 먼저 뜨거워진 다음에 대류현상이 일어나야 한다. 즉 이것은 중력(부력)을 거슬러 자연대류가 일어나야 된다. 대류를 통해 지표까지 열이 전달되려면 지표가 데워지기 전에 먼저 대기가 뜨거워져야 하는데 그런 증거는 아직 없다. 또 다른 물리적 문제로 전도나 대류는 느린 열전달 방법이어서 수십 km의 대기층을 지나오는 데 많은 시간이 걸린다는 것이다. 태양이 비치면 바로 따스함을 느끼고, 태양이 지면 서늘해짐을 느끼게 되는데, 이러한 사실들을 통하여 태양 에너지가 복사를 통해 전달된다는 것이 간단히 증명된다.

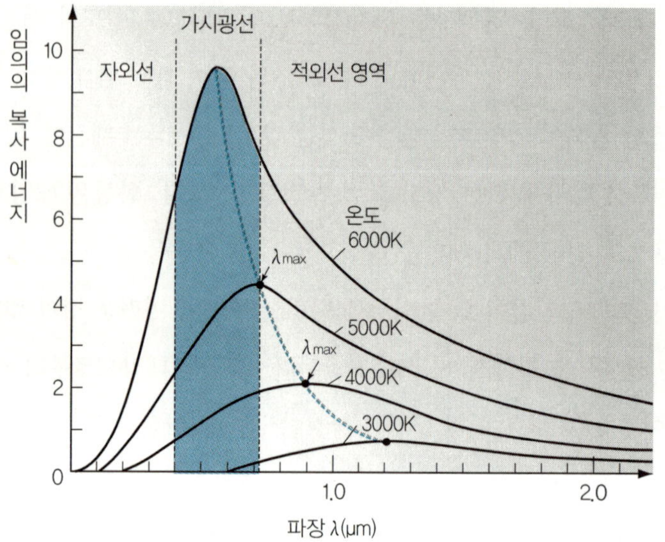

그림 2-16 복사체가 파장에 따라 방사하는 복사 에너지

복사는 인체에서 나오는 열에너지의 복사선으로, 아파트의 계단이나 집안의 현관에 설치된 등이 자동적으로 밝혀지는 것부터 핵에너지의 복사에 이르기까지 광범하다. 여기에서 복사열은 물체에서 방사되는 전자기파(그림 3-2 참조)에 실려 열에너지가 전달되는 방법을 말한다. 복사 에너지의 방사율은 $P \propto AT^4$로 주어지며 A는 면적, T는 절대 온도이다. 그리고 방사율은 반사체의 색깔이 흰 물체이면 0, 검은 물체는 1에 가깝다. 그림 2-16은 흑체복사체가 갖는 온도 6000K~3000K에서 단위면적에 비치는 복사 에너지를 파장에 따라 나타낸 것이다. 그림에서 복사체의 온도가 높을수록 복사 에너지가 크다는 것과 가시광선 영역의 복사 강도가 가장 크다는 것을 알 수 있다. 그리고 복사체가 방사하는 복사 에너지는 가시광선 영역을 중심으로 파장 0.3~1.2 μm에서 지구

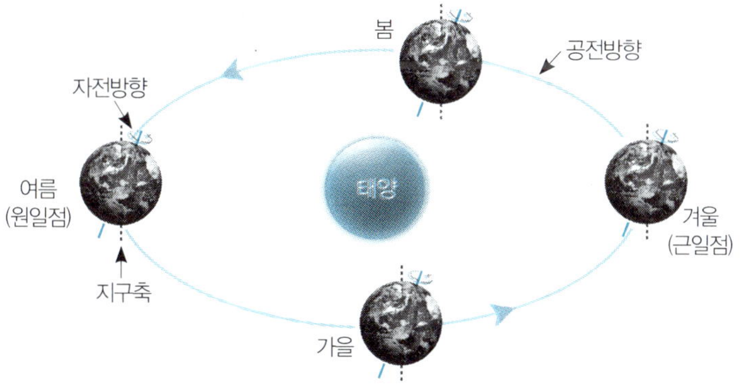

그림 2-17 북반구를 중심으로 지구 공전 운동

표면에 도달하는 에너지 밀도가 높음을 알 수 있다. 태양 복사열은 빛의 속도로 태양에서 지구 표면까지 1억5천 km를 오는데 이 과정에서 대기권 밖과 안에서 지구를 둘러싸고 있는 수증기나 산소(오존층)의 영향으로 복사열이 약간 흡수된다.

복사열은 계절에 따라 많은 차이가 있다. 지구는 완전한 구가 아닌 회전 타원체에 가깝지만 적도 반지름이 약 6378 km, 극 반지름은 약 6357 km로 그 차이는 약 20 km밖에 되지 않아 편평도는 매우 낮다. 그리고 공전 궤도면에 수직인 지구축과 자전축은 서로 일치하지 않고 23.5° 차이가 난다. 이 기울기 때문에 그림 2-17과 같이 공전궤도상에서 지구의 위치에 따라 태양빛이 지구에 입사하는 각도가 다르게 되어 계절의 변화를 일으키게 된다.

지구의 자전축은 23.5° 기울어진 상태로 공전하므로 태양이 정남에 왔을 때 남중고도는 여름(하지)이 가장 높으며 겨울(동지)이 가장 낮아 밤의 시간이 낮보다 훨씬 길어진다. 그래서 지구 표면이 받는 태양 복사 에너지 양은 하지

(여름)가 가장 많고 길며, 동지(겨울)가 가장 적고 짧다. 이와 같은 이유들에 의해 계절도 변하게 된다. 따라서 태양빛을 이용하여 전기를 생산하려면 이상과 같은 지구 운동을 먼저 공부하고 지구의 고도, 지형의 방향성 및 경사도 등을 고려하여 태양광 발전소를 설치해야 할 것이다.

우리들이 태양으로부터 무한히 오고 있는 태양열을 전기 에너지로 전환하여 사용할 수 있다면 탄산가스를 발생하는 탄소연료의 사용량을 줄일 수 있을 것이다. 태양전지의 효율을 디젤기관의 효율만큼 높일 수만 있다면 지구를 탄산가스로부터 해방시킬 수 있지 않을까? 태양 에너지는 통신시설, 항공, 우주 및 해양, 기상 및 하천관측, 도로교통, 사업기기, 농어촌산업, 환경개선, 재해안전, 교육 및 오락, 전자제품, 주택 및 건물, 대규모 발전소, 자동차 등에서 다양하게 활용되고 있다. 국내 젊은 연구자들 중에서 열심히 연구하여 효율이 높은 태양전지나 앞에서 이야기하였던 물 전기 분해에 사용되는 광촉매 물질을 개발할 수 있기를 바란다. 그렇게만 된다면 개인 주택에서도 태양전지와 수소연료가 널리 활용될 것이다.

그림 2-18은 국내 및 외국에 설치되어 있는 태양광 발전소의 전경이다. 우리나라는 반도체 산업에서 세계적으로 앞서 나가고 있지만 태양광 발전에 대한 산업은 조금 낙후된 것 같다. 현재까지 발전소에 사용되고 있는 태양전지의 효율은 20%를 넘지 못하고 있다. 이와 같은 대체 에너지를 더 많이 생산하고 또 그 전력으로 전기 자동차와 수소를 동력으로 활용하는 수소 자동차가 거리를 달린다면 지구의 환경은 더욱 쾌적해질 것이다.

앞에서 열은 온도가 높은 곳에서 낮은 곳으로 흐른다고 하였다. 태양광 발

▌그림 2-18▐ 태양광 발전소의 전경

전은 태양열을 전기 에너지로 바꾸어 우리들이 필요한 동력의 원천으로 활용하기 위한 것이다. 공장에서 사용되는 기계들로부터 나오는 열, 사무실의 컴퓨터에서 나오는 열, 이 모든 각종 에너지가 소모되면 마지막으로 열에너지로 바뀐다. 이렇게 방출되는 많은 열을 열병합 발전, 열병합 난방, 열병합 냉방 기술의 발전으로 재활용하는 것도 중요할 것이다. 그러한 재활용의 예로, 요즘은 탄산가스를 취합하여 기초화학물질(방향족 등), 바이오 원료(바이오알코올, 유기산 등), 운송용(경유) 연료, 발전용 연료 등을 만드는 데 사용하기도 한다.

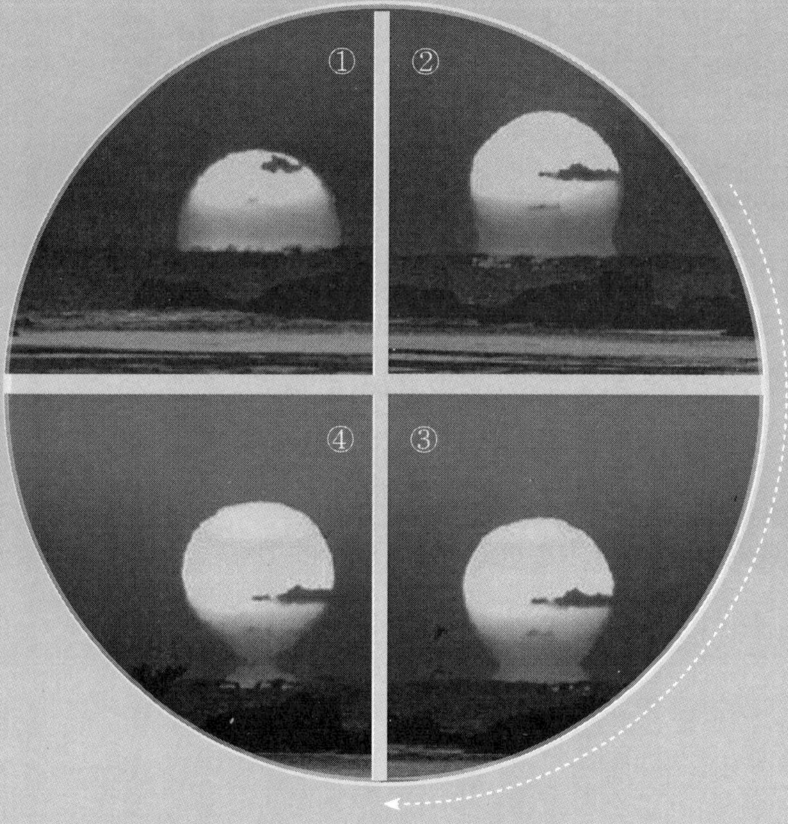

울산광역시 울주군 서생면 진하리 앞바다에서
일출 오메가 사진, ①~④는 해 뜨는 순서

3장

파동 이야기

1. 귀는 종파(압력파)를
2. 눈은 횡파인 가시광선을
3. 보석 같은 내 청춘
4. 정상파와 긴 줄넘기
5. 유리컵에서 소리 공명
6. 해안파와 모래밭

3,14159
cos
lim
T
O2
E=mc2
H2O
Pl
SO2
V=ST
Li
He
Ag
Au

1. 귀는 종파(압력파)를

부모님에게 받은 우리 몸의 눈(眼), 귀(耳), 코(鼻), 혀(舌)를 생각해 보자. 눈은 세상 만물을 볼 수 있게 하여 중요하고, 귀는 소리를 듣게 하여 중요하다. 또 코는 냄새를 맡으며, 혀는 영양을 보충하기 위해 음식을 먹게도 하고 또 자신의 의견을 전달하기 위해 말을 할 수 있게 하므로 매우 중요하다. 그리고 이들은 살갗(膚)과 두뇌(意) 간에 서로 교신하면서 "좋다, 나쁘다, 중간이다"로 사물을 분별하기도 한다. 이러한 판단에 따라 자신의 생활을 계획하고 행동하게 된다. 이들 중에서 어느 한 부분이 제 기능을 다하지 못한다고 생각해 보자. 얼마나 불편하겠는가.

그림 3-1과 같이 험악한 경쟁사회에 물들지 않은 어린아이들의 얼굴에서 총명한 눈과 귀를 보게 된다. 혼탁한 사회에 오염되지 않은 깨끗하고 참신한 얼굴에 다이아몬드처럼 빛나는 눈이 보이지 않는가? 눈은 사물을 보고 귀는 사물로부터 나오는 소리를 듣게 하여 그것을 신경이라는 통로를 통하여 뇌에

그림 3-1 귀염둥이 어린아이의 모습

전달하고, 뇌는 생각하고 판단하여 행동으로 옮기는 주요한 자료를 제공하는 역할을 한다. 그러면 눈과 귀는 어떤 형태를 보고 듣는 것일까? 바로 파동이라는 형태를 갖는 에너지를 감지하기 때문이다.

물리학에서는 물질을 이루는 아주 작은 점을 질점이라고 부르며, 그 질점의 위치에서 갖는 에너지와 운동량으로 그 물질을 설명하고 있다. 그리고 에너지가 넓은 공간에 퍼져서 진동하는 것을 **파동**이라고 한다. 파동(파)이라는 에너지 형태가 공기나 물 등과 같은 매질의 진동을 통하여 에너지로 전달된다. 파동은 수면파, 음파, 지진파, 탄성파 등으로 나누는 역학적 파와 가시광선, 적외선, 자외선, X선 등과 같은 전자기파(그림 3-2 참조)가 있다. 그리고 물질을 구성하고 있는 전자, 양성자 등과 같은 미시적인 상태의 파동을 **물질파**라고 한다. 파동이 1초 동안에 진동하는 횟수를 기준으로 구분하면 수

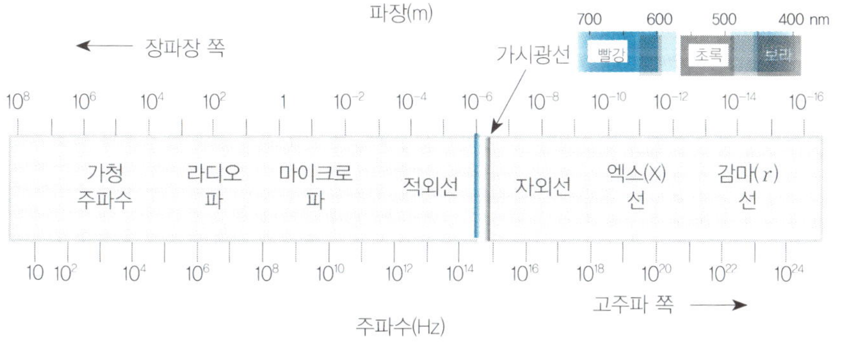

그림 3-2 주파수 또는 파장에 따른 전자기파

Hz(Hz=cycle/초)에서부터 10^{24} Hz까지 다양한 진동수를 갖는 파로 나눌 수 있다. 그리고 이들 중에서 우리에게 가장 밀접한 것은 음파(가청주파수, 20~2 × 10^4 Hz)와 광파(그림의 가시광선 영역)이며 아주 좁은 영역의 파를 보고 들을 수 있다.

파의 속도를 사람이 걷는 운동에 비유하여 설명해 보자. 사람이 걷는 속도는 한 발자국 걷는 거리(보폭)에 시간당 걷는 횟수를 곱하면 된다. 예를 들면 사람의 보폭이 1(m)이고 1초 동안 3보를 걷는다면 이 사람이 1초 동안에 걷는 속도는 3(m/초)이다. 그림 3-3과 같이 파동의 속도는 사람의 보폭에 해당하는 파장과 시간당 걷는 횟수에 해당되는 진동수를 곱한, 파장 × 진동수로 주어진다. 쉽게 생각하면 파장은 걷는 사람의 보폭, 진동수는 1초 동안 걷는 횟수에 해당된다.

파동은 진행 방향과 진동 방향에 따라 횡파(가로인 파동)와 종파(세로인 파동)로 나누어진다. 앞에서 이야기한 수면파, 음파, 지진파, 탄성파 등은 파의 진행 방향과 파의 진동 방향이 나란하여 종파라고 한다. 그리고 전자기파는 진행

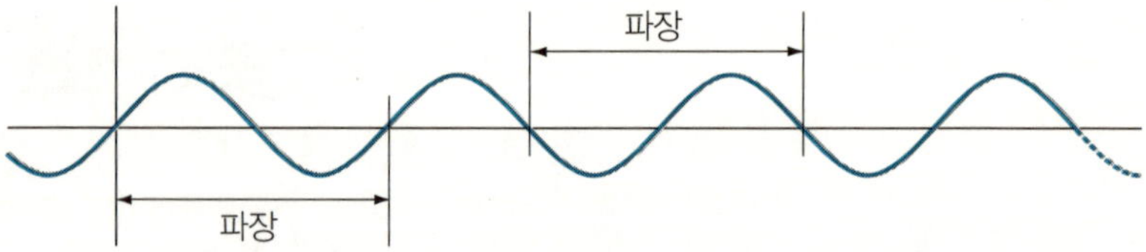

▮ 그림 3-3 ▮ 파동이 갖는 파장

방향과 진동 방향이 수직 관계를 이루므로 횡파라고 한다. 그러면 사람들이 들을 수 있는 파는 종파일까 횡파일까? 사람은 소리를 어떻게 들을 수 있을까?

먼저, 음파(音波)에 대해서 생각해 보자. 라디오나 텔레비전은 스피커를 통하여 음이 전파된다. 스피커는 전기 에너지에 의해 스피커에 붙어 있는 종이를 앞뒤로 진동시키게 된다. 이 종이의 진동은 종이 앞에 있는 공기를 앞뒤로 진동시킨다. 스피커의 종이가 앞쪽으로 진동하면 공기를 압축하여 밀도 높은 공기(밀. 密)가 될 것이고, 뒤쪽으로 진동되면 밀도가 낮은 공기(소, 疎)가 된다. 이것이 반복되면 소밀파(종파)가 만들어진다. 이러한 소밀파가 우리의 귀에 도달하면 고막은 밀(密)한 공기가 오면 안쪽으로 움직이고, 소한 공기가 오면 밖으로 움직인다. 이 공기의 소·밀에 따른 진동을 청각신경이 반응하여 음으로 들리게 한다. 사람은 음의 진동수가 1초에 20~20,000회 진동하는 종파를 들을 수 있다.

이것보다 진동수가 높은 음을 초음파라고 하며, 우리가 들을 수는 없다. 15°C 공기 속에서 음파의 빠르기(표 참조)는 340(m/초)이며, 표 3-1에 몇 가지 상황에서 소리의 세기에 대한 준위를 나타내었다. 소리는 진동수, 파장, 속도 이외에 세기(또는 준위)라는 특성이 있다. 소리의 세기는 단위면적당 에너지가

표 3-1 몇 가지 상황에서의 소리 준위(dB)

들을 수 있는 문턱 값	0	록 음악 연주회	110
나뭇잎 살랑이는 소리	10	고통의 문턱 값	120
대화 소리	60	제트엔진 소리	130

표 3-2 여러 매질에서의 소리 속도(m/s)

기체 매질	소리 속도	액체 매질	소리 속도	고체 매질	소리 속도
공기(0℃)	331	물(0℃)	1,402	알루미늄	6,420
공기(20℃)	343	물(20℃)	1,482	강철	5,941
수소	1,284	바닷물	1,522	화강암	6,000

전달되는 평균 비율이다. 60 dB(소리세기 단위) 이상이 되면 고막의 진동에는 무난하지만, 록 음악은 110 dB이므로 고막에 좋지 않은 영향을 주기 때문에 록 음악을 연주하는 사람들은 귀 보호대를 사용한다. 특히 요즘에는 이어폰을 끼고 음악을 듣는 사람들이 많은데, 이때 소리를 지나치게 크게 하여 듣지 않도록 주의해야 한다.

2. 눈은 횡파인 가시광선을

앞에서 귀는 진동수가 낮은 영역에 있는 종파를 인지한다고 하였다. 그러면 우리의 눈은 어떤 파를 볼 수 있을까? 앞의 그림 3-2에서 파동(파)은 1초 동안에 수회 진동하는 파에서부터 10^{24}회 진동하는 파로 나눌 수 있다고 하였다. 우리의 눈도 이 넓은 진동수(주파수)의 범위는 전부 볼 수 없으며, 사람이 볼 수 있는 주파수 영역은 귀보다 훨씬 좁아 10^{14} Hz 대에 있다. 이 영역의 빛을 사람이 볼 수 있는 빛이라고 하여 가시광선이라고 부르며, 앞에서 설명한 파동의 속도와 같이 빛의 속도도 파장×진동수이므로 흔히들 파장으로 바꾸어 이야기한다. 그래서 가시광선 영역의 파장은 400~700 nm(1 nm$=10^{-9}$ m)가 된다.

눈은 사물을 관찰하거나 인지한다. 지구 어느 곳에서든지 라디오나 텔레비전, 그리고 전화기를 통하여 여러 소식을 듣고 보게 된다. 통신기술의 발달로 귀로 듣는 시간보다 눈으로 보는 시간이 많아졌다. 사물이나 텔레비전의 영상을 본다는 것은 사물로부터 일부 반사되어 나오는 빛의 색을 보는 것이다. 물체가 갖는 색은 그 물체로부터 반사되는 빛의 색이다. 태양으로부터 오는 빛의 색은 백색이다. 백색은 가시광선을 모두 포함하고 있으므로 사물에 비쳤을 때 사물이 갖는 색의 빛은 반사하고 다른 색은 전부 흡수된다. 종이에 쓴 검은 글자는 빛의 색을 모두 흡수하는 검은색이므로 우리는 검은 글자를 보게 된다.

하늘은 왜 파랗게 보일까? 이건 조금 어려운 질문이다. 아주 먼 태양으로부터 지구에 도달한 빛은 지구를 둘러싸고 있는 공기를 가장 먼저 만나게 된다. 공기는 산소와 질소 등의 원자가 혼합되어 있어서 빛이 산소와 질소를 만나면서 빛이 가지고 있는 에너지, 즉 빛의 진동이 산소나 질소의 원자핵 주위를 돌고 있는 전자와 상호작용을 하게 된다. 이러한 현상을 그림 3-4와 같이 조금 쉽게 설명해 보자. 나무 조각에 실을 묶어 수면에 띄워 놓고, 나무 조각을

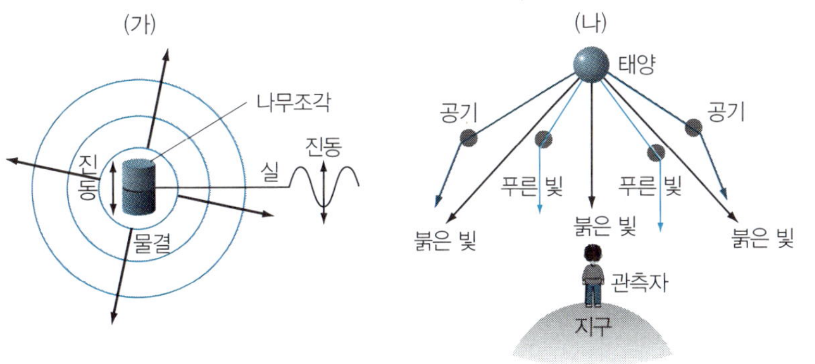

그림 3-4 (가) 수면에 떠 있는 나무 조각을 손가락으로 누르면 상하 진동을 하면서 물결이 퍼져나가며, 나무 조각을 묶은 실을 상하로 진동시킨다. (나) 태양광 중에서 파란색이 산란되어 하늘이 파란색으로 보인다. 붉은색(장파장)은 산란이 적게 되며 거의 직진하여 관측자에게 도달하지 않으며 관측자의 위쪽에서 오는 붉은 빛만 관측자 쪽으로 직진하지만 빛의 양이 적다.

손가락으로 누르면 나무 조각이 상하 진동을 하면서 물결이 퍼져나간다. 이때 물결이 퍼져나가는 진동수를 나무 조각이 갖는 **고유진동수**라고 한다. 그리고 나무를 묶어 놓은 실을 상하로 진동시키면 새로운 수면파가 만들어져 전파해 나간다. 실의 흔들림에 의한 나무의 진동수가 나무 조각의 고유진동수와 같고 위상(파의 출발할 때 각)이 같으면 물결파의 마루는 마루, 골은 골과 만나면서 **공진**이 일어난다. 나무 조각이 위쪽으로 움직일 때, 실에 의한 진동도 똑같은 시간에 위쪽으로 움직이면 두 개의 수면파가 합성되어 더 높은 물결파가 만들어진다.

공기 속의 산소나 질소 원자의 외곽에서 돌고 있는 전자들의 진동은 나무 조각의 고유진동에 해당하고, 태양에서 온 빛의 파동(또는 진동)은 실의 흔들림에 의한 나무 조각의 진동에 비유할 수 있다. 그래서 빛이 산소나 질소 원자를 만나면 이들 원자들의 전자는 빛에 의해 진동되어 새로운 짧은 파장(푸른색) 쪽의 빛이 여러 방향으로 퍼져 나오게 된다. 이러한 현상을 빛의 산란이라고 부른다. 이때 산소나 질소 원자 주위를 돌고 있던 전자는 빛에서 에너지를 얻을 수도 있고 빼앗길 수도 있다. 빛의 **산란**은 파장이 짧은 쪽의 빛, 즉 에너지가 높은 쪽의 빛에서 잘 일어난다. 가시광선 중에서 보라색 빛의 파장이 가장 짧으므로 산란이 가장 잘 일어나지만 파란색이 보라색보다 눈에 잘 보이므로 하늘이 파랗게 보이는 것이다.

그렇다면 저녁 하늘은 왜 붉게 보일까? 이것은 앞에서 이야기하였던 하늘이 파랗게 보이는 것보다 쉬운 문제이다. 우리 생활 주변에서 여름에 무지개를 종종 볼 수 있을 것이다. 빛은 **직진**하기도 하고 **반사**하기도 한다. 그리고 빛이 지나가는 공기, 물, 유리 등의 매질(길)이 바뀌면서 빛의 속도나 진로가 바

(가)

(나)

그림 3-5 (가) 프리즘에 의한 빛의 분산, (나) 무지개

뀌게 된다. 즉 공기에서 물로 들어갈 때 입사각에 따라 물속에서 빛의 진행 방향이 바뀌게 된다. 그림 3-5(가)에서 삼각형 프리즘으로 들어가는 태양광이 프리즘을 통과하면서 빛의 진로가 바뀌는데, 이러한 현상을 **굴절**이라고 한다. 또 빛의 파장에 따라 굴절되는 각도가 각각 다른데, 이런 현상을 **분산**이라고 한다. 그래서 태양광이 프리즘에 들어갔다 나온 빛은 무지개 색깔로 나누어져 나타난다. 여기에서 파장이 짧은 보라색이 많이 굴절하는 것을 알 수 있다.

이제 저녁 해질 무렵의 서쪽 하늘이 붉은 이유에 대하여 이야기해 보자. 저녁이 되면 서쪽 하늘에 떠 있는 해가 수평선 아래쪽으로 기울어진다. 수평선 근처의 공기 속에는 물방울이 많이 떠 있는데, 이들 많은 물방울들이 앞에서 설명한 프리즘과 같은 역할을 하면서 빛을 굴절시키고 분산시키게 된다. 푸른색(단파장) 쪽의 빛은 많이 굴절하여 바다(아래) 쪽으로 진행하므로 관측할 수 없다. 그러나 굴절을 작게 하는 장파장, 즉 붉은색 쪽의 빛은 관측자 쪽으로 오게 되어 저녁 노을이 붉게 보이는 것이다.

아침에 해가 뜨는 광경도 비슷하다. 그림 3-6과 같이 붉은 해를 볼 수 있는

| 그림 3-6 | 왼쪽: 인천 앞바다의 일몰 사진, 오른쪽: 경남 진하 앞바다에서의 일출 사진

데, 오른쪽 사진에서 해의 모양이 그리스 문자의 오메가(Ω)와 닮아 있다.

지금까지 부모님에게 물려받은 값진 눈과 귀로 볼 수 있는 것과 들을 수 있는 것에 대하여 알아보았다. 정리하면, 귀는 진동수(주파수)가 아주 낮은 부분의 종파를 들을 수 있으며, 눈은 가시광선 영역의 횡파, 즉 전자기파를 볼 수 있다.

그러나 전자기파에서 우리가 볼 수 있는 주파수는 10^{14} Hz 영역이며, 이것을 파장으로 바꾸면 400~700 nm인 가시광선 영역이다. 우리가 사물을 볼 수 있는 것은 가시광선이 물체에 반사되어 오는 것을 관측하기 때문이다. 그러면 빛이 없는 밤에는 어떻게 해야 할까? 요즘 승용차 운전석 앞에 적외선 카메라(night vision)를 부착하지 않은 차가 적을 것이다. 그리고 도로 곳곳에 감시 카메라가 있다. 이 카메라는 인간이 볼 수 있는 빨강색보다 파장이 긴 적외선 영역을 영상으로 볼 수 있게 만든 장치이다. 이러한 과학의 지식을 군사용으로도 활용하고 있다. 과학의 힘은, 특히 물리학은 인간이 볼 수 없었던 적외선 영역을 확장하여 관측할 수 있게 해 주었다.

3. 보석 같은 내 청춘

요즘 젊은 세대들이 부모님에게 물려받은 재산을 비유하여 금수저, 은수저, 흙수저 등으로 풍자하고 있는 것을 들으면 마음 한편에 허전함과 불편함을 느끼게 된다. 생존, 즉 인생을 결정하는 것이 과연 부(富)일까? 금수저, 은수저로 비유되는 금전적인 재산보다 더 중요한 것은 건강한 육체이다. 부모님에게 건강한 신체를 받았으면 긴 시간 동안 스스로를 개발하고 가꾸면서 자신의 에너지를 충전하여, 그 에너지로 미래의 꿈을 위해 자기 자신의 상표가 붙은 자동차(그림 5-30의 이 교수의 인생 버스 참조)를 운전하는 운전기사가 되어야 한다고 생각한다. 저마다 태어날 때부터 자신의 길(능력이나 취미 등)이 있으므로 그 길을 가급적 빨리 터득하여 그 길을 따라 운전하면서 즐거운 인생, 또 국가를 위한 인생이 된다면 그 길이 '최선의 길'이요 '성공한 인생'일 것이다. 자식이 있는 부모들은 자식들이 그러한 길을 찾는 데까지 조력자의 역할을 해줄 수 있다.

따라서 자식들의 앞날을 위해 금수저, 은수저를 물려주는 것보다 훨씬 값진 재산인 스스로 자신을 개발하고 자신의 적성에 맞는 인생의 길을 걷도록 해야 한다. 그렇게 하면 인생을 만족하면서 건전한 정신력과 튼튼한 신체를 가지고 즐겁게 오래 살 수 있을 것이다. 인생은 다시 되돌릴 수 없다. 한번뿐인 길이다. 즉 연습할 수 없는 길이 인생의 길이다. 또 많은 사람들이 선호하는 길(또는 직장)은 상호 간에 경쟁이 심한 길이며, 한적한 길은 외롭다. 세상에 태어나서 자신이 바쁘게 걸어온 길을 한번쯤 되돌아보는 것도 앞날을 위한 좋은 참고가 될 것이다. 그래서 많은 사람들은 국내외로 여행을 하면서 스스로에 대해서 생각하고 쾌유(힐링)하면서 새로운 인생을 설계하곤 한다. 금수저, 은수저를 물려받은 분들은 호화스러운 여행을 선호하겠지만, 필자는 가벼운 복장 차림으로 넓고 푸른 바다를 바라보면서 걷는 여행을 권하고 싶다.

겨울이 되면 어디선가 부르는 소리에 내 마음이 넘실대는 것 같다. 그 소리는 먹이 때문에 혹은 자리 때문에 서로 뒤얽혀대는 갈매기들의 먹이 사냥을

그림 3-7 경상북도 축산항 근처에서

위한 울음소리이다. 갈매기들을 만나기 위해 죽성리도 가고 감포도 가고 구룡포도 가고 강구도 가고 하다가 동해안을 따라 영덕까지 가게 되었다. 영덕(군)에는 동해안의 걷는 길 중 가장 아름답다고 알려진 블루로드가 있다. 포항 위쪽 장사 해수욕장에서 고래불 해수욕장까지 총 64 km의 길이 4개 구간으로 되어 있는데, 특히 해맞이 공원에서 축산항(그림 3-7)에 이르는 '푸른대게의 길'이 뛰어난 경치를 자랑하고 있다. 제주 올레길보다 더 아름답다는 생각도 든다. 오랫동안 군사작전지역으로 출입이 통제되었다가 불과 몇 년 전부터 일반에게 개방된 길이라 감회가 새로웠다.

열심히 바다에서 일을 하는 바닷사람들과 그 주변을 넘나드는 갈매기 떼의 생생한 삶의 풍경은 언제나 따뜻하고 감동적이다. 주민들과 이런저런 이야기를 주고받는 것도 좋은 추억이 된다. 열심히 움직이기만 하면 밥 굶을 일은 없다는 그들의 말은 우리들에게 언제라도 돌아갈 곳이 있다는 든든한 믿음을 주기도 한다.

경정 마을에서 남쪽으로 걷다 보면 드문드문 이전에 해병대가 해안을 지키던 초소들이 있는데, 한 초소에서 지금도 여전히 바다를 지키는 듯한 해병의 동상을 만났다(그림 3-8). 이곳은 특히 필자가 대학을 졸업(1967년 2월)하자마자 육군 소위로 임관하여 소정의 특과 장교훈련을 마치고 전방부대에 전입한 뒤 얼마 지나지 않아 삼척-울진 지역에서 북한의 무장공비가 출현했던 곳이다. 그 소탕작전에 참여했던 기억이 떠올라 가슴이 아팠다. 대학 3, 4학년 여름 방학 때 예비사단에 입소하여 병영훈련을 받으며 함께 동고동락했던 장교후보생들 중에서 친하게 지냈던 한 친구와 다른 대학 출신 소위가 운명을 달

그림 3-8 우리들의 영원한 해병

리 했기 때문이다. 떨어진 한 송이 꽃처럼 스러져간 친구들이여, 청춘들이여! 혹시 그들이 갈매기로 환생하지는 않았을까? 그러나 바윗돌 위에 앉아 있는 갈매기들은 무심하기만 했다. 지나간 봄은 다시 오지 않고, 피었던 꽃은 다시 피지 않으며, 한번 간 친구의 청춘도 결코 되돌아오지 않을 것이다. 이제는 너무나도 먼 추억이 되어 버렸지만, 짧건 길건 우리들의 청춘은 그런대로 열심히 살아서 작건 크건 꽃을 피웠다고 말하고 싶다.

청춘의 소중함을 잘 모르는 한 젊은이가 자신이 잘 못살고 있는 처지에 대하여 항상 사회나 정부 때문이라고 불평만 늘어놓자 이웃에 살고 있던 한 노인이 "자네는 대단한 재산을 가지고 있으면서 왜 매일같이 그렇게 부정적으로 남이나 정부의 탓만 하고 있는가?"라고 물었다. 그 젊은이가 퉁명스럽게 "나에게 무슨 대단한 재산이 있다고 그러십니까?"라며 노인에게 항의하였다. 노인은 젊은이에게 "자네의 양쪽 눈을 나한테 주면 자네가 얻고 싶은 것을 주겠

네."라고 하였더니, 청년은 "그것은 안 됩니다." "그러면 두 손을 주면 황금을 주겠네." "안됩니다. 두 손도 절대로 드릴 수 없습니다." 그러자 노인이 말하기를 "두 눈이 있어 배울 수 있고 두 손이 있어 일할 수 있을 뿐 아니라 살아있는 생명까지 가지고 있는데 이보다 더 큰 재산이 어디 있겠는가?"라고 하였다.

블루로드를 한 번쯤 걸어 보아라. 바닷가 멋진 소나무 밑에서 시원한 바닷 바람으로 땀을 식히고 내리막 오르막길도 걷고 갈매기도 보고 맛있는 대게도 먹어 보고 아름다운 축산항도 들러보고. 그렇게 즐거운 여행을 할 수 있다는 것은 우리들이 부모님으로부터 물려받은 건강함이라는 큰 재산 덕분이라고 생각하면서 부모님의 은혜에 감사한 마음을 가져 보자.

4. 정지파와 긴 줄넘기

파(波)가 어떤 것인지 대충 짐작은 가지만 한번쯤 더 생각하면서 긴 줄넘기에 대하여 알아보자. 그림 3-9와 같이 서로 마주보고 서 있는 두 사람이 각자 줄의 끝을 잡고 동시에 줄을 진동시켜 왼쪽과 오른쪽에서 각각 배(산)를 보내면 서로 충돌하여 2배의 큰 배(산)가 만들어진다. 충돌한 뒤에도 진행하던 방향으로 계속 전파한다. 이러한 파의 성질을 파의 독립성이라고 한다.

긴 줄넘기 운동은 노래에 맞추어 줄을 뛰어넘는 놀이로, 혼자 하는 것을 '줄넘기', 두 명이 줄을 돌리고 그 안에서 뛰는 운동을 '긴 줄넘기'라고 한다. 줄넘기가 우리나라에서 언제부터 시작되었는지는 문헌이 없기 때문에 알 수 없지만, 전국적으로 유행한 적이 있었다. 긴 줄넘기의 놀이 방법으로는 긴 줄 속으로 다른 사람이 뛰어 들어가 노래에 맞추어 동작을 하는 "꼬마야 꼬마야 긴 줄넘기", "가위바위보 긴 줄넘기"와 "8자 긴 줄넘기" 등이 있다. 이 운동은 호흡 순환 기능이나 근육에 자극을 주어 지구력을 높여줄 뿐 아니라 리듬 감

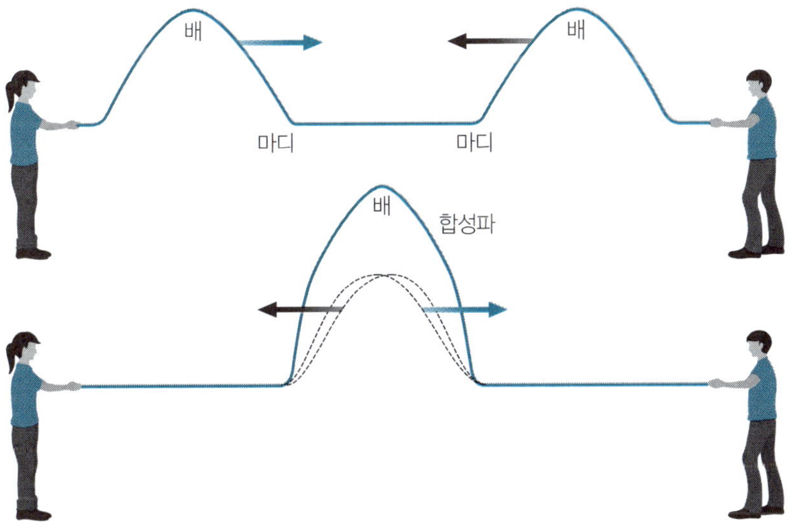

그림 3-9 파의 독립성

각을 길러 주며, 좁은 장소에서도 할 수 있다는 장점이 있어 학교에서 학생들에게 권장하고 있다.

긴 줄넘기 운동은 두 학생이 긴 줄을 잡고 힘을 주면서 맞은 편 사람과 협력하여 돌려야 찌그러지지 않은 파형을 이루면서 줄이 돌게 된다. 그때 다른 학생이 줄 속으로 뛰어들어가서 노래에 맞춰 뛰게 된다. 줄에 힘을 주었다는 것은 학생이 줄에 일을 했다(에너지를 주었다)고 이야기할 수 있다. 한쪽 학생이 줄에 대하여 한 일은 반대편 학생이 줄을 잡고 있는 손까지 전달된다. 이 전달되는 일(에너지)의 균형이 서로 잘 맞으면 줄은 위아래로 회전이 원활하게 잘 이루어질 것이며, 어느 한 쪽 학생의 줄을 돌리는 속도와 힘이 다르면 균형이 깨어져 줄의 회전 운동이 원활하지 않을 것이다.

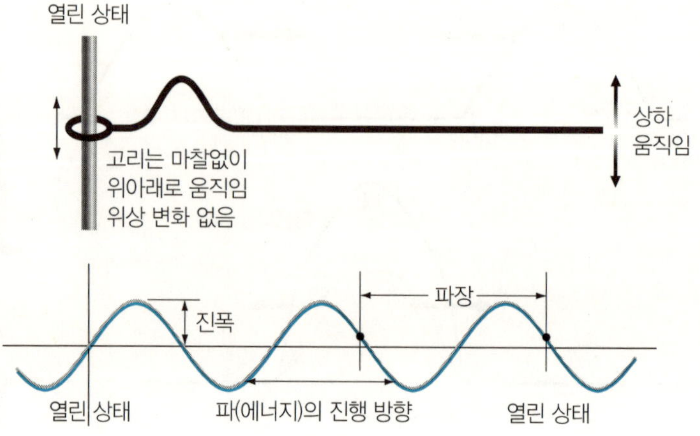

그림 3-10 열린 상태에서 파의 모양

이러한 줄의 형태를 파동 운동에 비교하여 설명할 수 있으면, 이것이 바로 긴 줄넘기에서의 물리 이야기이다. 그림 3-10은 파동이 공기 등과 같은 매질 속에서 전파하는 모습을 나타낸 것이다. 에너지를 가진 물체가 어느 일정한 공간에 갇혀 있는 것(예, 박스 속에 있는 구슬)이 아니고 자유롭게 전파하는 모양을 나타낸 그림이다. 파(에너지)가 왼쪽에서 오른쪽으로, 또 오른쪽에서 왼쪽으로 자유롭게 전파하는 그림을 나타내었다. 그래서 이 경우를 양쪽이 모두 열린 상태라고 부른다.

그림 3-11은 왼쪽에 밀도가 큰 물질이나 장벽 또는 말뚝에 고정된 상태가 되어 파가 왼쪽으로 더 진행할 수 없는 상태이다. 이와 같이 파가 왼쪽으로 진행하지 못하고 그 점에서 반사하는 경우를 닫힌 상태라고 부른다.

그러면 앞에서 보았던 긴 줄넘기 운동은 줄의 양쪽 끝을 잡고 줄을 회전시

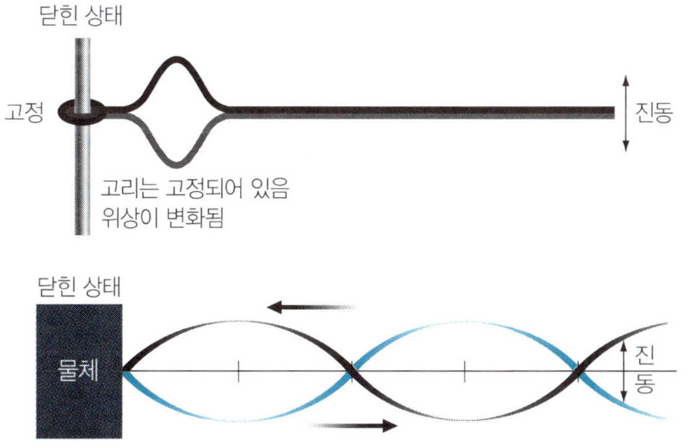

그림 3-11 한쪽이 닫힌 상태에서 파의 모양

키기 위해 줄에 힘을 가해 줌으로써(즉 에너지를 가함으로) 그 에너지가 줄을 타고 진파하여 맞은편에 있는 학생의 손까지 전달되지만 손이 줄을 잡고 있으므로 그림 3-12와 같이 더 진행하지 못한다. 따라서 줄을 잡은 손은 에너지가 줄을 따라 더 진행하지 못하는 닫힌 상태를 만든다. 이러한 긴 줄넘기 운동은 그림에서와 같이 왼쪽으로 전달되는 파동은 왼쪽 물체에 또 오른쪽으로 전달되는 파동은 오른쪽 물체에서 멈추게 된다. 그래서 파형(또는 배의 형)의 부분이 왼쪽으로 또는 오른쪽으로 진행하지 못하고 멈춰 있는 파형이 된다.

이러한 파를 그림 3-10과 같이 자유롭게 진행하는 파에 비교하여 한 장소에 갇혀 더 진행하지 못한다는 의미에서 **정지파**(standing wave)라고 한다. 긴 줄넘기 놀이는 마주 서 있는 두 사람이 줄을 정지파로 만들어 돌리면 그 속에 다른 친구들이 뛰어드는 형태의 운동이라고 할 수 있다. 그림 3-12에서 양쪽이 닫

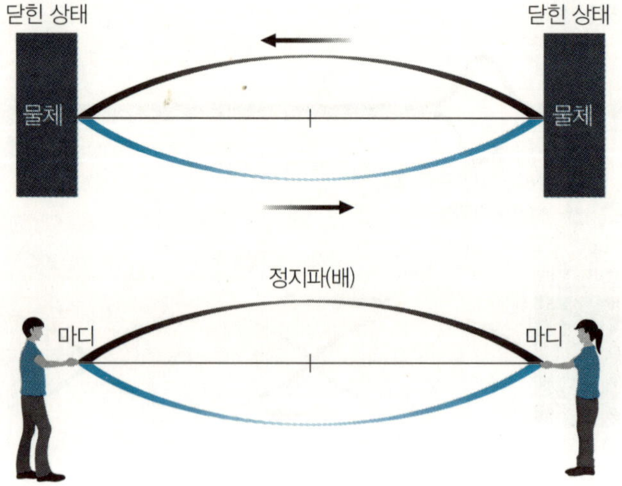

▮ 그림 3-12 ▮ 양쪽이 닫힌 상태에서 긴 줄의 모양

힌 상태의 파는 반(1/2)파장을 만들고 있다. 정지파는 반 파장으로 이루어져 있으며 이러한 닫힌 상태를 이용하여 만들어진 악기에서는 기본음이 된다. 양쪽이 닫힌 상태를 이용하여 현의 길이를 조절하고 현(줄)을 튕기면서 음을 조절하여 연주하는 우리나라의 고전 현악기로는 가야금과 거문고가 있다.

5. 유리컵에서 소리 공명

그림 3-13은 시험관과 같이 아랫부분이 막힌 유리관의 입구에 입을 대고 공기를 불어넣어 관 속의 공기가 갖는 고유진동수와 일치하면 소리가 울려 큰 소리를 들을 수 있다. 물체는 재질이나 모양에 따라 진동을 하게 되는데 이와

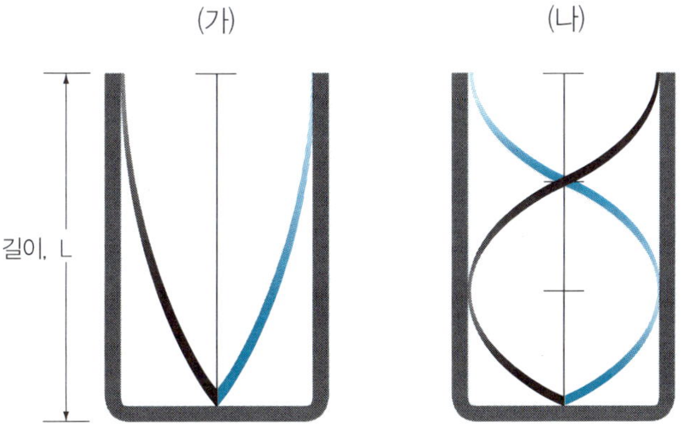

그림 3-13 유리관에서 소리 공진 현상

같은 진동을 그 물체가 갖는 고유진동이라고 한다. 여기에서도 유리관의 크기나 형상에 따라 고유진동수가 다르다. 유리관의 아래 막힌 부분이 앞에서 이야기했던 닫힌 부분으로 파동의 마디가 된다. 그림 3-13(가)에서 공기 기둥이 갖는 고유진동수와 일치하도록 공기를 불어넣으면 공진이 일어나 소리가 크게 들리며 음의 경우는 **공명**이라고 부른다. 그림 3-13(가)의 경우 공기 기둥의 길이가 L이며, 이것이 한 파장의 1/4에 해당되므로 고유진동수가 갖는 파장은 4 L가 된다. 그림 3-13(나)의 경우는 L=3/4 × 파장이므로 파장은 4/3 L로 주어지며 그림 3-13(가)보다 파장이 짧으므로 더 고음에서 공명이 일어난다.

그림 3-14는 위의 유리관을 대신하여 물이 담겨 있는 유리컵으로 바꾸어 놓은 그림이다. 유리컵 위에서 음원으로부터 음파를 보내면 유리컵 속의 공기와 물이 접하고 있는 경계면에서 반사되고 일부는 물속으로 입사된다. 이러한 현상은 공기보다 물의 밀도가 커서 음파가 반사될 수도 있고 일부분은 물속으

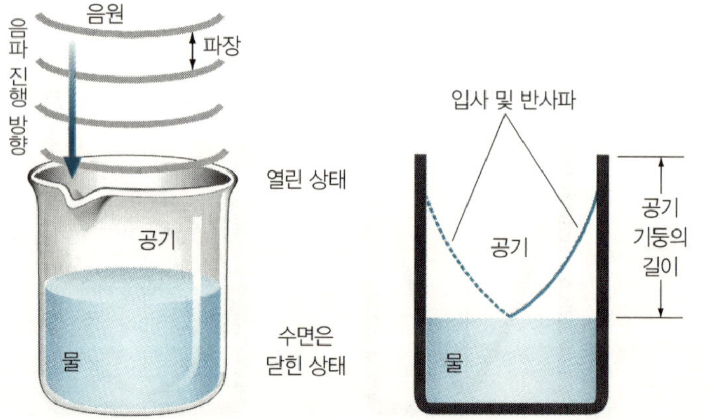

그림 3-14 유리컵으로 음파가 입사하는 그림(왼쪽)과 입사 및 반사하는 그림(오른쪽)

로 들어갈 수도 있지만, 음파가 물속으로 향하는 각도에 따라 약간의 차이는 있다. 왼쪽 그림은 물을 조금 담은 물컵 위에서 음원으로부터 음파가 유리컵으로 진행하는 그림이며, 선과 선의 간격은 하나의 파장을 나타낸 것이다. 실제 음파의 파장은 훨씬 길어 선 간의 간격이 크지만 시각화하기 위해 촘촘히 그렸다.

그리고 오른쪽 그림은 컵 속으로 입사하는 음파가 공기와 물과의 경계면에서 반사하는 그림이다. 점선은 반사를 나타내었다. 이 그림은 단순히 2차원적으로 그렸지만, 실제로 위에서 내려다보면 360도 돌아가면서 이러한 현상이 모두 나타나고 있는 것을 관찰할 수 있다.

그림 3-14의 오른쪽 그림에서 유리컵 끝(입구)부분은 열린 상태이고 수면과의 경계면은 닫힌 상태이다. 이 경우도 그림 3-13(가)에서와 같이 음원의 파장은 (공기 기둥의 길이) × 4로 주어진다.

질문 3개의 유리컵에 물을 채워 넣었을 때 컵에 물이 가장 적게 채워졌을 때부터 점점 많이 채워진 순서로 컵을 나열한 후 젓가락으로 유리컵 모서리를 쳤을 때 가장 고음이 나는 것은 어느 컵일까? 그 이유를 설명하여라.

긴 줄넘기 운동은 줄의 양쪽이 닫힌 상태이고, 유리관이나 유리컵에 물을 채운 상태에서 발생하는 공명 현상은 한쪽은 열린 상태이고 반대쪽은 닫힌 상태이다. 그러면 관의 양쪽이 모두 열린 상태에는 어떤 종류가 있을까?

우리 주변에서 쉽게 볼 수 있는 피리가 있다. 피리는 우리나라와 중국의

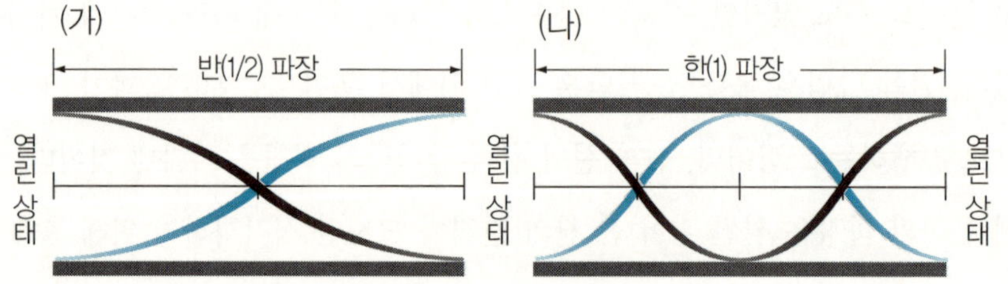

그림 3-15 양쪽이 열린 상태의 파형

관악기로 마디가 촘촘하지 않은 대나무로 만들며, 서양의 오보에와 비슷하다. 지공이 8개이며 앞에 7개와 뒤쪽에 1개가 있다.

그림 3-15는 피리나 대금처럼 양쪽이 열린 상태에서 파형을 나타낸 것이다. 어느 쪽이 고음을 낼 수 있을까? 실제 피리나 대금은 그림 3-15(가)와 같이 반파장의 길이를 조절하여 음을 낼 수 있도록 만들어져 있다. 피리는 7개의 지공 중에서 가장 먼 곳에 있는 지공까지 반파장이므로 이 경우가 파장이 가장 길고, 지공이 입 쪽으로 가까울수록 파장이 짧아진다.

그림 3-15에서 보인 것과 같이 양 끝이 열린 부분에서 파의 배(산)가 만들어진다. 그래서 그림 3-15(가)에서는 기본음으로 반(1/2)파장이 만들어지며 (나)의 경우는 한 파장이 만들어졌다. (나)의 경우가 더 고음을 낸다.

여기에서 높은 음과 낮은 음의 구분은 관이나 현(줄)의 길이로 판단하는 것으로 설명하였으나 실제로는 주파수(진동수)가 큰 것을 고음이라고 하며, 음의 속도는 주파수와 파장의 곱으로 주어진다. 여기에서는 파장으로 악기의 음을 설명하고 있으므로 파장이 길면 저음이 된다. 앞에서 지공이 입 쪽으로 가까울수록 파장이 짧아진다는 것은 고음을 뜻하는 것이다.

6. 해안파와 모래밭

해안가에는 모래밭이 있는 곳도 있고 또 모래밭이 전혀 없는 곳도 있다. 해안가에 모래가 쌓일 수 있는 조건이 있을까? 이 부분은 앞에서 공부하였던 관이나 줄의 열린 상태와 닫힌 상내를 먼저 이해해야 한다.

모래는 비가 올 때 산으로부터 빗물과 함께 바다로 유입된다. 빗물이 모여

그림 3-16 경남 송정 앞바다에서

계곡으로 흘러내리는 흙탕물 속에는 흙과 바위가 부서진 작은 돌조각들이 물을 따라 바다로 흘러들어 간다. 이때 물이 갖는 운동 에너지는 속도의 제곱에 비례하므로 속도가 빠르면 물의 운동 에너지가 커져 흙과 모래 알갱이를 운반할 수 있지만, 바다 쪽으로 흘러내리면서 냇물의 경사도가 낮아져 물의 속도가 느려지므로 모래의 무게에 따라 하천에 그대로 쌓일지 바다까지 흘러들지 결정된다.

앞에서 파(波, wave)에 관한 이야기를 했지만 여러 종류의 파 중에서 눈으로 쉽게 볼 수 있는 파는 물결파이다. 누구나 바닷가에 나가면 바닷물이 만드는 해안파를 쉽게 관찰할 수 있다. 그러나 이론적으로 공부하는 것은 오히려 복잡하다.

앞에서 파가 진행하는 방향과 진동하는 방향에 대하여 이야기했지만, 그림 3-17은 해안파를 설명하기 위해 어린이가 손에 손을 잡고 있는 모습을 나타낸 것이다. 그림 3-17(가)에서는 어린이가 전체적으로 화살표 방향으로 움직이면서 좌우로 모여들기도 하고 멀어지기도 하는 주기적인 모습이 밀(密)한 부분과 소(疎)한 부분으로 표현되어 있다. 이러한 동작을 진동 방향이라고 한다. 파(波)가 물(매질)을 타고 운동 방향으로 진행하면서 물의 진동이 한 번은 운동 방향과 같은 방향으로, 한 번은 반대 방향으로 주기적인 진동을 하면서 전달되고 있다. 이러한 파를 해안파에서 세로 파동(종파)이라고 부른다.

그림 3-17(나)는 운동 방향이 세로 파동과 같지만 어린이들이 움직이는(진동) 방향은 운동 방향에 수직하게 앞과 뒤로 주기적으로 운동(진동)하고 있다. 이러한 파를 가로 파동(횡파)이라고 부른다. 그러면 여기에서 어린이(파)들이 모

(가) 종파(세로 파동)

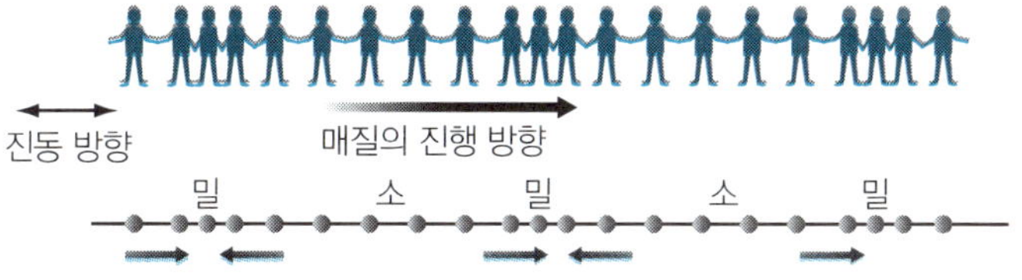

(나) 횡파(가로 파동)

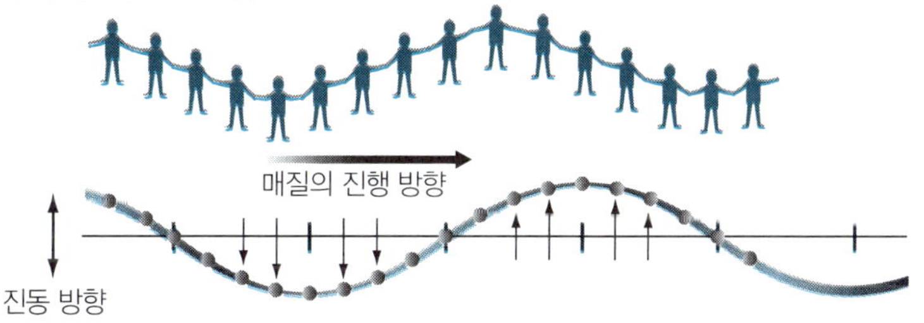

그림 3-17 1차원적으로 진동하는 종파와 횡파의 전파 모습

두 손을 잡고 오른쪽으로 이동하면서 발의 움직임(진동)을 이동 방향에 수직(앞뒤)으로 움직이는 것은 쉽지 않다. 이런 경우와 같이 액체나 기체 속에서는 가로 파동(횡파)에 의한 에너지 전파는 생각할 수 없으며, 실제 종파에 의하여 에너지가 전달된다. 그래서 바닷속의 음파물성에 관한 공부는 쉽지 않아 물체(잠수함 등)의 위치를 추적하는 일도 더욱 어려운 실정이다.

그리고 바닷물은 해와 달의 인력과 바람 등의 영향으로 움직이는 방향과 속력이 결정되며, 또 해안파의 파장은 수십 미터에서 수백 미터까지 바뀔 수 있다. 그림 3-18(가)는 모래가 쌓여 있는 해변으로 해안파가 밀려들어오는 광경이다. 물결의 산(마루)을 만들면서 해변 쪽으로 들어오는 파면은 그림 3-18(나)와 같이 먼 바다에서는 평행하게 진행하지만 해안으로 접근하면 모

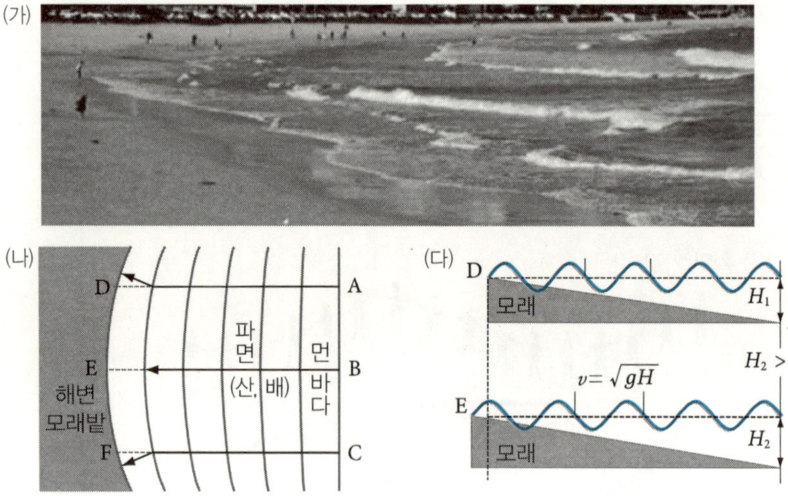

▮ 그림 3-18 ▮ (가) 해변에서 촬영한 물결파, (나)(다) 물결파의 진로와 모형

래밭의 기울기에 따라 물의 깊이가 다르기 때문에 파의 속도($v = \sqrt{gH}$, H는 바닷물 깊이)가 바뀔 것이며 물의 깊이가 낮은 쪽으로 굴절도 한다. 그래서 그림 3-18(나)에서 먼 바다에서 B점의 파면(산)은 E점으로 진행하지만, A(또는 C)점에서 출발한 파면은 모래에 의해 수심이 낮아져 D(또는 F)로 가지 않고 약간 위(아래)쪽으로 굴절하게 된다. 그리고 먼 바다에서 파면(ABC)은 모래밭 해안까지 동시에 도착하게 된다.

실제로 그림 3-18(나)에서 AD 간의 거리보다 BE 간의 거리가 멀기 때문에 BE 간의 파가 빠르게 이동하였음을 알 수 있다. 그림 3-18(다)에 나타낸 바닷물의 깊이(수심) H_2가 H_1보다 깊어 파의 속도가 크다는 것으로 이해할 수 있다. 그림 3-19와 같이 파가 해안으로 접근함에 따라 마루(배) 쪽이 앞으로 기울어지는데, 그 이유는 해안파의 속도는 $\sqrt{gH}$에 비례하므로 그림과 같이 파도의

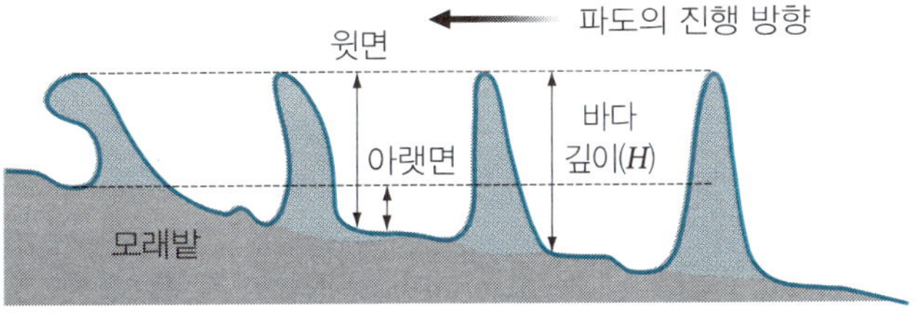

그림 3-19 해안으로 접근하며 따라 파도의 파형 변화 모습

윗면이 아랫면보다 수심(H)이 깊어 해안 쪽으로 접근함에 따라 파도의 모양이 앞으로 기울어지기 때문이다. 이러한 파형은 해안가에서 쉽게 볼 수 있다.

우선 해변에 모래가 쌓이는 것을 쉽게 설명하기 위해 그림 3-19를 생각하면서 바다로부터 해안으로 들어오는 해안파가 모래를 갖고 들어온다고 가정하자. 파도에 밀려 온 모래를 해변에 떨어트리고 바닷물이 다시 바다로 나가야 할 것이다. 바다로부터 바닷물을 따라 들어 온 모래 가운데 다시 바다로 나가는 모래보다 해변에 떨어지는 모래가 많아야 해안가에 모래가 점점 많아지면서 쌓일 것이다. 그렇게 되려면 그림 3-20과 같이 해안가의 구조물이 적어 바다로부터 들어온 해안파가 해안가에서 반사되지 않고 그대로 진행되어야 할 것이다. 이것이 앞에서 공부한 열린 관 또는 열린 상태이다. 해안파의 운동 에너지가 해안에 접근함에 따라 바닷물의 깊이가 낮아져 파의 속도가 느려지면서 파도가 가진 운동 에너지가 점점 약해지면, 모래를 운반할 능력을 잃게 되어 해변에 모래를 떨어트리게 된다. 이러한 일들이 하루에 두 번씩 밀물과 썰물이 교차되며 오래 지속되면 해운대와 같은 백사장이 만들어진다.

유리컵에 물을 담아 식탁 위에 오랜 시간 두면 유리컵 속의 물이 수평을

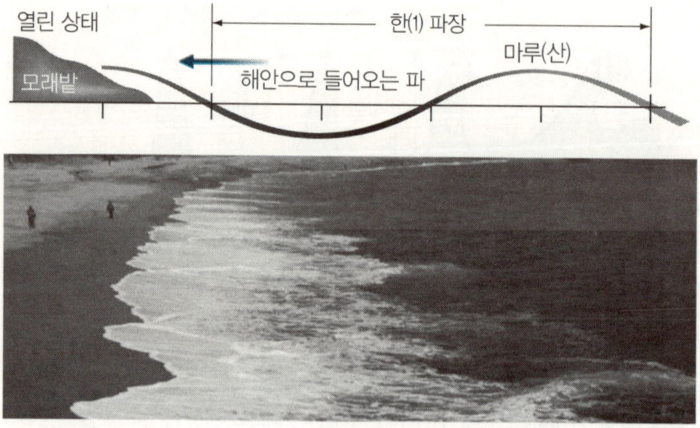

Ⅰ 그림 3-20 Ⅰ 모래가 쌓여 있는 해안가

이루면서 아주 고요한 느낌이 감돌 정도로 맑게 보일 것이다. 그러나 유리컵 위에서 입바람을 컵 속으로 불어넣으면 컵 속의 수면에 파(波)가 만들어지는 것을 볼 수 있다. 바다의 해안파는 앞에서 이야기했듯이 지구와 달의 자전에 의해 태양 - 지구 - 달 간의 인력이 변하면서 지구 표면에 있는 유체, 즉 물과 공기가 영향을 받아 운동하는 것이다. 그래서 바닷물의 밀물과 썰물에 따라 바람도 함께 일어날 수 있다. 이 바람이 미치는 파(波)도 해변에 쌓이는 모래에 영향을 미칠 것이다.

절벽이 있는 곳, 해변에 도로를 높게 만든 곳, 건축물이 있는 곳에서는 모래밭을 볼 수 없다. 이것은 그림 3-21과 같이 절벽, 도로 벽, 건축물들이 해안으로 들어오는 바람이나 바닷물의 흐름을 방해하고 있기 때문에 해변으로 들어온 해안파가 더 진행하지 못하고 장애물에 막혀 반사되어 되돌아 나가기 때문이다. 이런 현상은 앞에서 공부한 닫힌 상태로 설명이 가능하다. 그러나 반

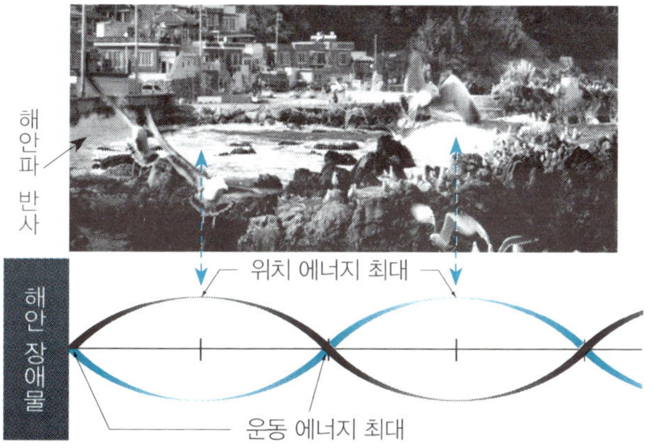

그림 3-21 바닷가에 절벽, 도로, 빌딩 등의 해안 장애물이 있는 곳의 해안파

드시 해안파의 마디가 장애물에 도달한다고는 말할 수 없다. 파의 반파장의 어느 부분이 해안가의 장애물에 도달할 것인지는 경우에 따라 모두 다를 것이다. 파의 마디 부분이 해변의 장애물에 도달하면 파의 위치 에너지가 가장 적어 물이 덜 흩어지겠지만 파장의 배(산) 부분이 장애물에 도달하면 그림 3-21과 같이 파가 흩어지면서 물이 높게 튀어 오른다. 이와 같은 복잡한 현상을 설명하기 위해 그림 3-21에서 해안파의 마디가 해안의 장애물에 도달하였다고 가정하고 설명을 계속하고자 한다.

어느 해안가 마을에서 바닷가 바로 옆에 자동차가 다닐 수 있도록 도로를 만들면서 바다 쪽으로 돌담을 쌓아올렸다고 하자. 이때 모래밭과 달리 바닷물이 들어오면 수심이 약간 있게 된다. 앞의 그림 3-18에서 보았듯이 파도의 속도(v)는 바닷물의 깊이(H)와 관계가 있다. 경사진 모래밭에서는 바닷물의 깊이가 거의 없어 파도의 속도가 영(0)이 되어 파가 사라지지만, 여기에서는 바닷물의 깊이가 약간 있기 때문에 밀려들어 온 파가 정지하지 않고 벽에 반사되어 다시 바다 쪽으로 나가게 된다. 그리고 밀물이 되어 바닷물의 깊이가 더 깊어지면 파의 속도는 더 커지면서 바닷물 속에 떠다니던 모래는 다시 먼 바다 쪽으로 밀려나가게 된다.

그림 3-21에서 해변의 벽 쪽이 닫힌 상태의 파형에서 운동 에너지($(1/2)mv^2$)가 최대인 곳과 위치 에너지(mgh)가 최대인 곳을 나타내었다. 운동 에너지가 최대인 파형 속에 모래가 떠 있으면 모래가 갖는 운동 에너지는 한 파장 속에서 가장 큰 에너지를 갖는다고 할 수 있다. 그래서 해안의 장벽에 부딪혀 반사되는 순간에 물의 운동 에너지가 가장 크기 때문에 움직이는 속도가 클 것이며 모래도 바닷물과 함께 반사파에 쌓여 다시 바다 쪽으로 끌려 나갈 것이다. 그리고 닫힌 상태에서 반사되는 파는 먼 바다로부터 새로 들어오는 해안파를 만나 합성되면 파고가 두 배로 높아져 위치 에너지도 두 배로 증폭되므로 모래의 흐름이 더욱 활발해질 것이다. 특히 바닷가에서 낚시하는 사람들은 이 합성파(그림 3-9 참조)에 주의해야 한다. 이러한 사유를 잘 이해한다면 해안을 어떻게 보존하는 것이 좋겠다는 해답이 떠올랐을 것이다. 우리나라에서 해수욕장으로 명성 높은 해운대 백사장의 모래 유실을 방지하면 국내뿐 아니라 동북아시아에서 가장 아름다운 해수욕장으로 거듭날 수 있을 것으로 생각된다.

조금 다른 이야기이지만, 바닷물과 함께 떠돌아다니는 모래를 해안가에 멈추게 만들면 백사장이 넓어질 것이며, 이것은 곧 육지가 넓어지는 방책일 것이다. 그래서 필자는 국토를 넓힐 수 있는 방법을 하나 제안하고 싶다.

우리나라 서쪽에 있는 바다를 황해라고 부르는데, 비가 내려 강물이 서해안으로 또 중국으로부터 빗물과 함께 떠내려 온 황톳물 속에 있는 모래들을 해변에 쌓이게 만든다면 우리나라의 서해안 쪽으로 매년 여의도와 같은 넓이의 땅이 생길 것이다. 실제로 이러한 현상이 일어나서 영종도에 갯벌이 살아난다는 이야기를 신문기사에서 보았다. 영종도를 매축하면서 해안에 돌담을 쌓았다는 것을 짐작하면, 그 돌담에 의해 유속의 변화를 주어 모래나 자갈 같은 것을 쌓이게 하였고, 이로 인해 해안의 경사도가 낮아지면서 해안파의 흐름이 조금씩 늦어졌을 것이다. 조금 더 해안선의 경사도를 줄이면 모래밭도 가능할 것이다. 이러한 일들이 수년간 반복되어 모래밭이 점점 넓어져서 새로운 모래섬을 만들게 되면, 그림 3-22와 같이 국토가 넓어질 가능성이 있다고 생각한다.

그림 3-22 미래의 우리나라 지도 변화

▮ 그림 3-23 ▮ 바닷물에서 서식하는 해조류와 어패류

더욱이 우리나라 다도해에는 3,000여 개 섬이 있다. 그리고 요즘 방송에서 갯벌 현장체험에 관한 장면들을 심심치 않게 볼 수 있다. 앞에서 이야기했던 바닷물의 유속이 아주 낮아지면 굵기가 아주 작은 모래흙이 바닥에 쌓이게 되어 갯벌이 조성될 수 있다. 이러한 갯벌에는 조개류, 낙지, 게 등이 많이 서식하고 있으며, 또 바닷물 속에서는 해조류 등의 양식이 가능할 것이다. 해조류와 어패류 등은 추운 겨울에 서식이 활발한데, 그 이유를 한 번쯤 생각해 볼 만하다. 바다 식물이 많으면 어패류 등의 서식이 더 활발할 것이다. 육식을 선호하던 서양인들은 어패류를 잘 먹지 않았으나 요즘에는 건강식품으로 알려져 널리 보급되고 있다. 이러한 바닷물고기, 해삼, 전복 등과 어패류를 중심으로 서해안에 새로운 먹거리 시장이 형성될 것을 예상하면서, 바다에서 서식할 수 있는 나무를 개량하는 연구도 필요할 것이다. 그렇게만 된다면 미래가 밝은 건강식품 사업으로 발전시킬 수 있을 뿐만 아니라 우리나라의 국토도 확장될 것으로 보인다.

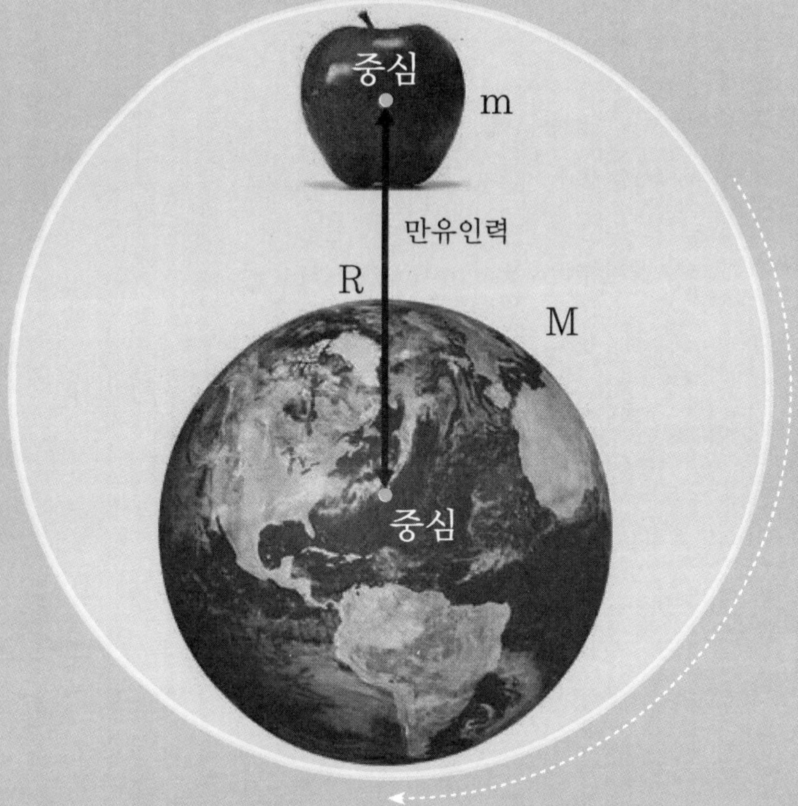

언제, 어디에서나 작용하는 만유인력

4장

역학 이야기(상호작용)

1. 만물의 상호작용
2. 뉴턴이 받은 선물
3. 원운동과 회전목마 타기
4. 일상에서 만나는 운동
5. 세상을 바꾸는 운동
6. 누가 무거울까?
7. 외줄 타기의 물리

3,14159
cos
lim
T
O₂
V=ST
E=mc²
H₂O
SO₂
Au
Ag
Li
He

1. 만물의 상호작용

오늘날 우리는 과학문명의 세계 속에서 살아가고 있다. 전자산업, 자동차 산업, 컴퓨터 등 우리 사회 모든 곳이 과학기술의 바탕 위에서 이루어지고 있다. 1980년대에 공과대학 기계공학과 1학년 학생에게 일반물리를 강의하면서 다음과 같은 질문을 하였다. “너희들은 이 지역의 수재들인데 왜 기계공학과를 선택하였느냐?” 학생들은 하나같이 기계공학과를 졸업하면 취직이 잘된다고 들었기 때문이라고 하였다. 그 말에 칭찬을 하면서 미래의 자동차 공학은 종합 예술품, 즉 물리에서 전자공학, 디자인까지 공부하지 않으면 이 세상에서 독보적인 자동차 회사로 건재하기 힘들 것이라고 이야기한 것이 기억난다. 과학 속의 물리는 이 세상에서 중요한 몫을 차지하고 있으며, 앞으로는 더욱 중요한 역할을 하게 될 것이다.

현대과학기술에 대한 이해 없이는 미래 세계를 이해하는 데 어려움이 있다. 그러면 젊은 시절, 학창시절에 그렇게 좋은 가정환경도 아니면서 영원불멸의 업적을 남긴 뉴턴의 이야기를 살펴보자.

뉴턴(Isaac Newton, 1643~1727)은 영국 올스도르프에 있는 농가에서 태어났으며, 그의 아버지는 뉴턴이 태어나기 몇 개월 전에 죽었다. 뉴턴은 어머니와 할머니 밑에서 성장하였으며 14세 때 농장에서 일하기 위해 학교를 그만 두었다. 책 읽기를 좋아하는 뉴턴의 역량을 알아차린 아저씨는 뉴턴을 케임브리지 대학에서 공부하도록 도움을 주었다. 5년 만에 대학을 졸업한 뉴턴은 그 당시 런던을 휩쓸던 흑사병 때문에 어머니의 농장으로 돌아와서 공부를 계속하였다. 23세 되던 해에 사과가 땅으로 떨어지는 것을 관찰하고, 달이나 혹성, 별까지 확장되는 개념인 중력을 생각하였으며 그 연구내용을 만유인력의 법칙으로 공식화하여 영원불멸의 과학자가 되었다. 이와 관련된 뉴턴의 사과나무는 너무나 유명한 일화이다. 우리나라에도 1980년에 한국 표준연구원이 미국 연방표준국으로부터 뉴턴의 사과나무 묘목(제3세대)을 옮겨와 그림 4-2처럼 뉴턴의 사과를 볼 수 있으며 국내 13곳에서 분화되어 잘 자라고 있다.

그림 4-1 뉴턴

17세기의 과학자인 뉴턴은 물리학자이자 천문학자인 동시에 수학자로, 근대 과학의 성립에 가장 큰 역할을 하였다. 수학에서 미적분법을 창시하고, 물리학에서는 뉴턴 역학의 체계를 확립하였으며 광학 및 천문학에도 조예가 깊어 이를 이용해 광학 망원경을 발명하기도 하였다. 뉴턴의 수많은 업

| 그림 4-2 | 한국 표준연구원에 있는 뉴턴의 사과나무.
왼쪽 작은 사진은 뉴턴의 사과나무와 뉴턴의 흉상

적 중 가장 높이 평가 받는 것은 역학으로, 만유인력의 법칙을 비롯한 뉴턴 역학은 그 후 자연 과학의 효시가 되었다. 주요 저서로 『광학』, 『자연 철학의 수학적 원리(프린키피아)』 등이 있으며, 케임브리지 대학 교수, 왕립 협회 회장 등을 지냈다.

달은 지구의 인력에 의해 지구를 이탈하지 못하고 지구를 돌고 있다. 이와 같은 원리에 의해서 태양계에서도 태양의 인력에 의해 행성들이 태양 주위를 돌고 있는 것이다. 이러한 인력은 큰 별에서부터 작은 사과에 이르기까지 모든 물체에 작용하고 있다. 그래서 세상의 만물이 가지고 있는 힘이라고 하여 **만유인력**이라고 부른다. 두 개의 물체가 있으면 서로 같은 크기의 힘이 반대 방향으로 끌어당기며, 그 힘의 크기는 물체 각각의 질량의 곱에 비례하고 물체 간의 거리의 제곱에 반비례한다. 사과와 지구의 상호작용에서 사과가 지구

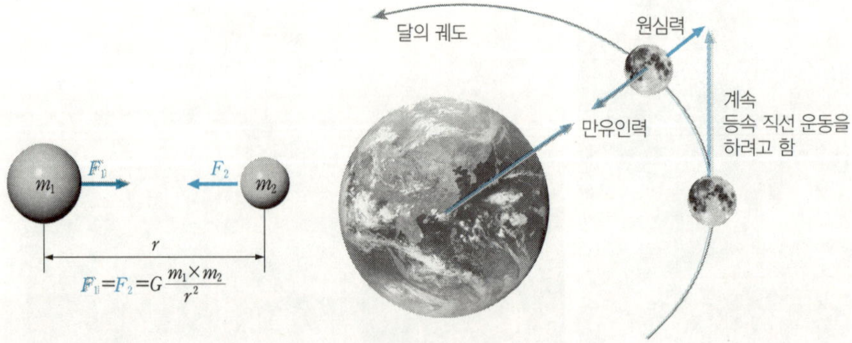

| 그림 4-3 | 지구와 달 간에 작용하는 만유인력

를 끌어당기는 힘과 지구가 사과를 끌어당기는 힘은 크기는 같지만 방향이 반대이다. 지구의 질량(또는 무게)이 사과보다 너무 크기 때문에 사과가 당기는 힘으로는 지구가 끌려가지 않으며, 반대로 지구가 작은 사과를 끌어당기는 힘에 의해 사과는 지구 쪽으로 끌려오게 된다. 그래서 사과가 땅으로 떨어지는 것이다. 그리고 그림 4-3에는 지구와 달 간에 작용하는 만유인력을 나타냈다.

뉴턴의 만유인력을 이해하기 쉽게 설명하였지만, 이 정도의 법칙을 만들었다고 영원불멸의 과학자로 남는다는 것이 조금 의심스럽지는 않은가? 그러면 질량이 작은 사과가 질량이 큰 지구 쪽으로 끌려오는 현상을, 또 다른 사례를 통하여 생각해 보자. 만유인력과 다른 성질의 힘이지만, 작은 못이나 클립 핀을 책상 위에 놓고 자석을 가까이 가져갔을 때 어느 쪽이 끌려올까? 못이나 클립 핀은 쇠 금속으로 만들어져 있으므로 자성을 띄게 된다. 그래서 자석 쪽으로 끌려가게 된다. 그러면 반대로 큰 덩어리의 쇠 금속에 질량이 작은 자석을 가까이 가져 가면 이때는 자석이 쇠 금속 쪽으로 끌려가게 된다. 그래서 태양보다 질량이 작은 8개의 행성들은 태양과의 만유인력에 의한 상호작용으로 태양을 이탈하지 못하고, 태양을 중심으로 회전하게 된다. 이러한 현상은 우리 주변에서도 많이 볼 수 있다.

필자는 이 부분의 강의를 할 때 기러기 아빠처럼 멀리 떨어져 살면 만유인력의 법칙에서 분모(거리)가 너무 크게 되어 사랑하는 힘이 약해진다고 이야기 한다. 이처럼 우리들의 생활 속에는 오묘한 깊은 물리의 지혜가 숨어 있음을 알게 된다. 수업시간에 학생들에게 "공부는 무엇 때문에 합니까?"라고 질문하면 누구라고 할 것 없이 이구동성으로 "좋은 직장에 취직하여 부모님에게 효도하려고 합니다."라고 답변한다. 필자가 "학생들이 그렇게 새빨간 거짓말을 교수에게 하면 되겠느냐?"하고 반문하였더니 학생들이 놀란 얼굴로 필자를 바라보았다. 그때 학생들에게 "반물질(反物質, anti-matter)이라는 단어를 들어 봤느냐?"하고 다시 질문을 하였다.

대학시절에 영어 잡지에서 'anti-matter'라는 기사를 읽었는데, 그 기억이 남아 있어 수업시간에 학생들에게 그 이야기를 해주곤 하였다. 그 내용은 원자핵 속에 중성미자라는 아주 작은 입자가 있는데, 그 입자는 '+'전하를 갖는 중성미자와 '-'전하를 갖는 중성미자로 나누어진다. 과학자의 힘으로 먼저 발견된 것이 '+'중성미자이다. 그 후 수많은 연구자들은 '+'가 있으면 반물질로 불려지는 '-'가 있다는 신념으로 '-'중성미자를 찾기 위해 연구한 결과물이 노벨상이라는 이야기이다. 어렵고 값진 것은 쉽게 가질 수 없으며 인내와 노력이 필요하다.

반물질에 대한 설명을 마치고 나서 "학생 여러분의 반물질은 누구입니까?"라고 질문해 보았다. 평생을 같이, 같은 길을 같은 방향으로 걸어 갈 배필이라고 생각한다면 학생들의 앞에서의 답변은 합당하지 않다고 생각한다. '반물질'을 찾기 위하여 시간과 노력, 그리고 조직적인 계획이 필요하다는 것을 잊어서는 안 된다. 그것이 바로 부모님을 위한 효도이기도 하다. 장미꽃과 같은 외형상의 아름다움보다 내면의 지혜로움을 갖춘 '반물질'을 찾아야 할 것이다. 그러한 사람을 찾는 것은 쉬운 일이 아니다. 앞에서 수많은 과학자가 '-' 중성미자를 찾는 것처럼 자신의 심신을 수련하면서 자기 자신의 사회적인 위치 에너지(몸 값)를 높이기 위한 치열한 노력이 필요하다.

사회적인 위치 에너지(만유인력에서는 몸집, 즉 질량)가 큰 사람을 만나기 위하여, 먼저 내 자신의 위치 에너지를 높이는 것이 상대에 대한 예의라고 생각한다. 결혼 문제는 항상 상대적이기 때문에 내 자신의 출신학교, 직장, 가족관계, 그리고 건강과 재산 등으로 종합분석 및 계산을 하게 된다. 서로의 사회적 위치 에너지(질량)가 클수록 서로 간의 만유인력은 커질 것이며 두 사람 간의 마음의 거리가 좁혀질수록 또 만유인력이 커져 평생을 행복하게 살아갈 수 있는 오묘한 이치가 만유인력 속에 숨어 있다.

2. 뉴턴이 받은 선물

앞에서 사과나무에서 사과가 떨어지는 이유를 만유인력으로 설명하였다. 그러면 "질문1 : 떨어지는 물체는 얼마나 빠르게 떨어질 것인가?"에 대한 의문이 생기기 마련이다.

8개의 행성은 태양 주위를 쉬지 않고 회전하고 있으며 또 행성에 붙어 있는 위성은 달처럼 혹성 주위를 돌고 있다. 행성이나 위성들이 회전하면서 서로 충돌 없이 돌고 있는 것이다. "질문 2 : 왜 서로 충돌 없이 돌고 있는가?"이 점에 대해서도 의구심이 생길 것이다.

표 4-1에서 알 수 있듯이 뉴턴은 아리스토텔레스, 갈릴레이, 케플러의 연구로부터 많은 영향을 받아 고전역학을 정리하였다. 그리고 더 나아가 아인슈타인은 뉴턴의 운동 법칙과 중력 법칙을 동일시하여 운동을 설명하였다.

사과가 땅바닥에 떨어지는 것처럼 물체가 떨어지는 것에 대하여 먼저 이야기해 보자. 갈릴레이(Galileo Galilei, 1564~1642)는 뉴턴보다 79년 먼저 피사에서

▌표 4-1▌뉴턴의 고전역학에서 아인슈타인의 상대론으로 도약

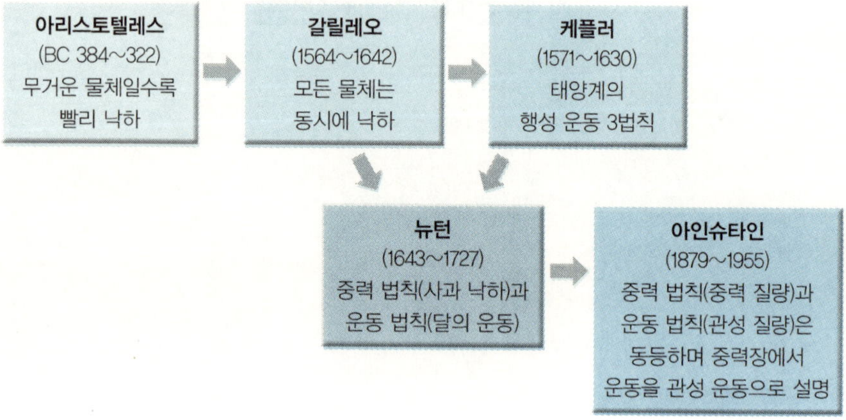

태어났으며, 피사 대학에서 의학을 연구한 다음에 전공을 수학으로 바꾸어 운동역학에 대하여 연구하면서 코페르니쿠스의 지동설을 지지하였다. 고대 그리스에서는 그림 4-4와 같이 높은 장소에서 물체를 동시에 떨어뜨리면 무거운 물체일수록 먼저 떨어진다고 생각하였다.

그러나 갈릴레이는 고대 그리스인들이 생각했던 무거운 물체는 빨리, 가벼운 물체는 천천히 떨어진다는 것에 대하여 의심을 가지고 비탈면의 경사도를 바꾸면서 둥근 공이 시간별로 떨어진 거리를 그림 4-5와 같이 조사하였다. 경사면의 각도가 클수록 시간별로 떨어진 거리가 커지는 것을 알게 되었다. 이와 같이 낙하하는 거리가 커졌다는 것은 낙하하는 속도가 커졌음을 뜻하며, 시간이 클수록 공이 떨어지는 속도가 커진다는 것을 알게 되었다. 낙하하는 시간의 흐름에 따라 속도가 증가한다는 말은 가속도가 그 물체에 작용함을 뜻한다.

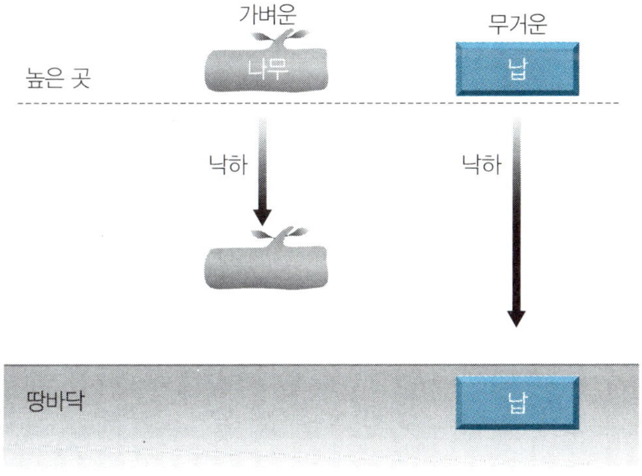

그림 4-4 그리스 시대에 떨어지는(낙하) 물체에 대한 모순된 생각

사과와 같은 물체가 만유인력에 의해 땅바닥으로 떨어지는 속도는 떨어지는 시간에 비례하여 속도=상수×시간($v = g \times t$)으로 표현하였다. 여기에서 상수를 만유인력에 의한 지구 중심 방향으로 작용하는 **중력 가속도**(g=9.8m/s^2)로 명명하였다. 중력 가속도는 물체가 지구의 중심 방향으로 떨어질 때 1초 동안에 9.8 m씩 속도($v = g \times t$)가 증가함을 뜻한다. 그래서 사과가 똑같은 속도로 떨어지는 것이 아니고 시간이 지날수록 떨어지는 속도가 증가함을 알게 되었으며 물체가 떨어질 때 물체 주위의 마찰이 작용하지 않으면 중력 가속도에 의해 어떤 물체라도 높이가 같으면 똑같이 떨어짐을 알게 되었다.

두 번째 질문과 관련하여 태양계의 행성이나 행성 주위를 돌고 있는 위성들은 서로 충돌 없이 자기의 길로만 운동하고 있다. 이 문제에 대하여 뉴턴보다 72년 먼저 태어난 케플러(Johannes Kepler, 1571~1630)는 코페르니쿠스의 지동

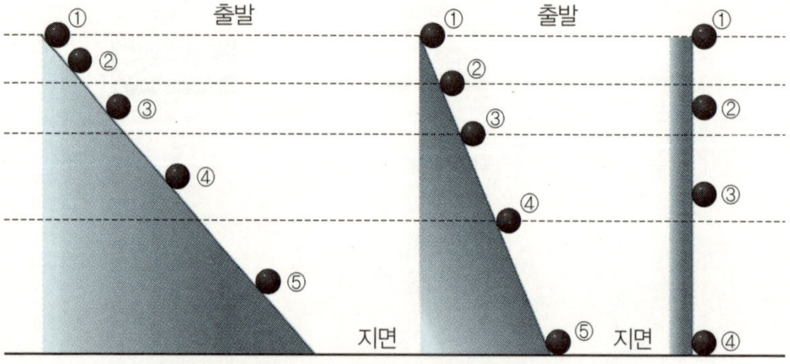

▮ 그림 4-5 ▮ 경사면이 커지면 공이 떨어지는 속도가 커진다.

설에 관한 천문학 개요를 바탕으로 그 법칙을 성문화하였다. 그리고 이 저작들은 뉴턴이 만유인력 법칙을 확립하는 데 기초가 되기도 하였다.

케플러는 행성의 운동을 그림 4-6과 같이 3개의 법칙으로 정리하였다. 제1법칙은 행성은 태양을 하나의 초점으로 타원 운동을 한다는 것이다. 제2법칙은 태양으로부터 행성을 연결한 선(동경)은 동일한 시간에 같은 면적을 그리면서 운동한다는 것이다. 이 법칙은 태양으로부터 멀리 떨어져 있는 행성의 속도는 느리고 태양에 가까운 행성은 빠르게 운동함을 뜻한다. 끝으로 제3법칙은 행성이 태양을 한 바퀴 회전하는 시간에 대한 공식으로, 행성의 공전 주기의 제곱은 행성 궤도에서 긴 축의 세제곱에 비례한다.

이와 같이 행성의 질서 있는 운동은 우리 사회에서 날마다 일어나는 교통 질서보다 훨씬 질서도가 높다고 말할 수 있다. 앞에서 이야기한 갈릴레이(1564년)의 중력 가속도, 케플러(1571년)의 행성 운동에 관한 제3법칙이 뉴턴(1643년)의 만유인력 법칙을 만드는 데 도움이 되었으며, 뉴턴의 중력 법칙은 앞으로

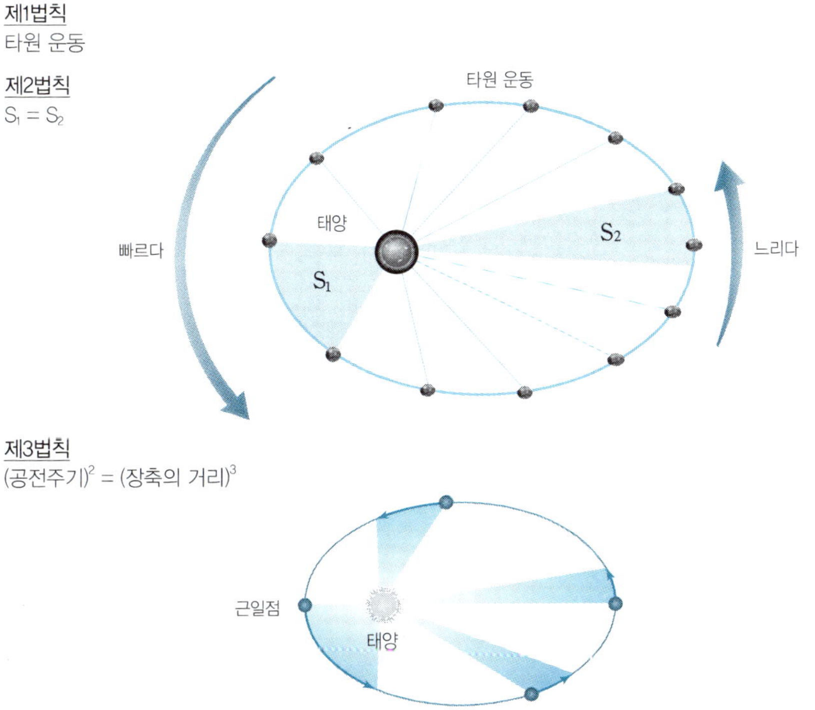

그림 4-6 케플러의 행성 운동에 관한 법칙

표 4-2 행성들의 공전 주기

행성	수성	금성	지구	화성	목성	토성	천왕성	해왕성
타원 축(10^{10}m)	5.79	10.8	15.0	22.8	77.8	143	287	450
주기(년)	0.241	0.615	1.00	1.88	11.90	29.5	84.0	165

도 영원할 것이다.

뉴턴의 고전역학으로 물질 간의 상호작용을 설명했던 사실들이 아인슈타인의 상대성 이론으로 발전하여 중력장에서 모든 운동을 관성 운동으로 설명하게 되었다. 일반 상대론에서 예측했던 중력장에서 시공간의 휨, 즉 빛이 중력에 의해 휘어지는 현상으로 블랙홀(black hole)을 생각할 수 있다. 2016년에는 미국을 비롯한 14개국의 대학 및 연구소에 소속된 1000여 명의 과학자로 구성된 연구팀(LSC: Ligo Scientific Collaboration, www.ligo.org)이 우주로부터 오는 중력파를 측정하는 쾌거를 얻기도 하였다. 위와 같은 연구업적으로 스웨덴 왕립과학원 노벨위원회는 라이너 와이스(Rainer Weiss, MIT) 명예교수 외 2명을 올해(2017년)의 노벨물리학상 수상자로 선정 발표하였다.

3. 원운동과 회전목마 타기

놀이공원에 가면 회전목마 기구를 볼 수 있다. 회전목마는 하나의 회전축을 중심으로 회전하는 놀이기구이다. 아들과 딸을 데리고 회전목마를 타려는 어머니가 아이들을 자리에 앉히려고 할 때 누구를 안쪽부터 앉히는 것이 좋을까 생각해 보았다. 이때 어머니는 고등학교 시절 물리시간에 배운 각속도의 개념을 알고 있다고 하자. 각속도는 원운동에서 단위 시간에 회전한 각도를 말한다. 따라서 세 사람은 똑같은 시간에 한 바퀴를 돌기 때문에 각속도가 같다는 것을 알고 있다고 하자.

그림 4-7 회전목마 타기

목마의 안쪽부터 아들,

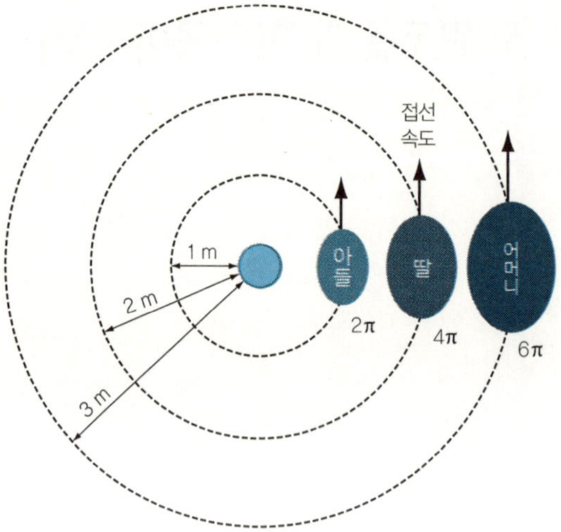

그림 4-8 회전목마를 타고 회전 운동할 때의 접선 속도

딸, 자신 순으로 탔다. 그림 4-8과 같이 맨 안쪽 목마는 회전축으로부터 1미터 떨어져 있으며 목마들 간의 간격도 1미터이다. 그림에서 점선으로 그려진 원은 목마가 1회전할 때 세 사람이 목마를 타고 회전한 흔적이다. 원의 둘레는 $2\pi\times$반지름이므로, 아들보다 딸은 2배, 어머니는 3배 많이 움직였다는 것을 알 수 있다. 따라서 딸은 아들보다 순간 2배 빠르게 운동한 것이다.

회전 운동하는 물체의 **접선 속도**(그림의 화살표 방향)는 **접선 속도=반지름×각속도**로 주어지지만 세 사람은 똑같은 시간에 한 바퀴를 돌기 때문에 각속도가 같고 이들이 움직이는 거리는 반지름의 크기에 비례함을 알 수 있다. 만약 어머니가 잘못 판단하여 아들과 자리를 바꾸어 회전목마를 탔다면 어린 아들은 딸보다 더 큰 접선 속도로 회전하게 되어 크게 놀라 다시는 목마를 타지 않을지도 모른다.

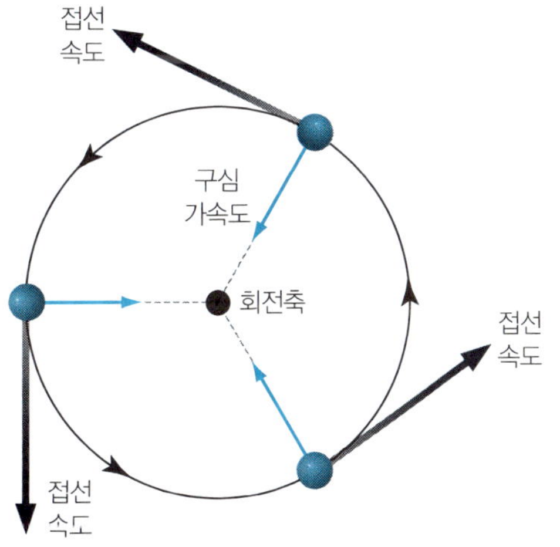

그림 4-9 회전 운동

움직이는 버스에 서 있는 사람도 몸의 중심이 버스가 달리는 반대 방향으로 작용하는 관성력을 받는다. 그러나 자동차 바닥 위에 서 있는 사람의 발은 자동차가 진행하는 방향으로 움직이므로 발과 몸 중심의 운동 방향이 같지 않아 균형을 이루기 힘들다. 이 때문에 놀이 기구에는 몸의 균형을 이룰 수 있게 도와주는 손잡이가 달려 있다. 그림 4-9의 **구심 가속도**는 접선 속도의 제곱(v^2)에 회전 반지름(r)을 나눈 값으로 주어진다. 가속도의 방향으로 힘이 작용하므로 구심(중심)쪽으로 작용하는 구심력은 질량×구심 가속도로 주어지므로 뉴턴의 힘의 법칙을 알면 쉽게 이해할 수 있을 것이다. 원운동에서는 구심력에 대응한 원심력과 관성 운동에 의한 관성력이 실제로 존재하지 않는 가상의 힘이다.

4. 일상에서 만나는 운동

버스를 타고 이동할 때 종종 버스가 급정지하는 경험을 해봤을 것이다. 이때 우리 몸의 자세는 앞으로 기울어지므로 다시 자세를 바로 세워 앉아야 한다. 버스에 탄 사람은 같은 버스 내에 있는 사람이 정지한 것으로 보이지만, 버스를 타지 않은 사람에게는 버스에 탄 승객이 버스와 함께 달리고 있는 것으로 보일 것이다. 따라서 버스가 갑자기 정지하면 승객들도 갑자기 정지하여야 하므로 버스와 같은 속도로 달려오던 운동에 의해 앞으로 몸이 기울어지게 된다. 이것은 계속 운동하려는 힘 때문에 일어나는데, 이를 **운동 관성**이라고 부른다. 한편 버스가 정지하였다가 출발하면 승객은 뒤쪽으로 기울어지는데. 이런 경우를 **정지 관성**이라고 부른다. 이는 정지한 상태에서 버스가 출발할 때 정지 상태를 유지하려는 승객의 몸이 뒤쪽으로 기울어지기 때문이다.

이러한 현상은 우리 주변에서 흔히 볼 수 있다. 정지하고 있는 물체는 계속 정지해 있으려 하고, 운동하는 물체는 외부의 힘이 없는 한 계속 운동하려

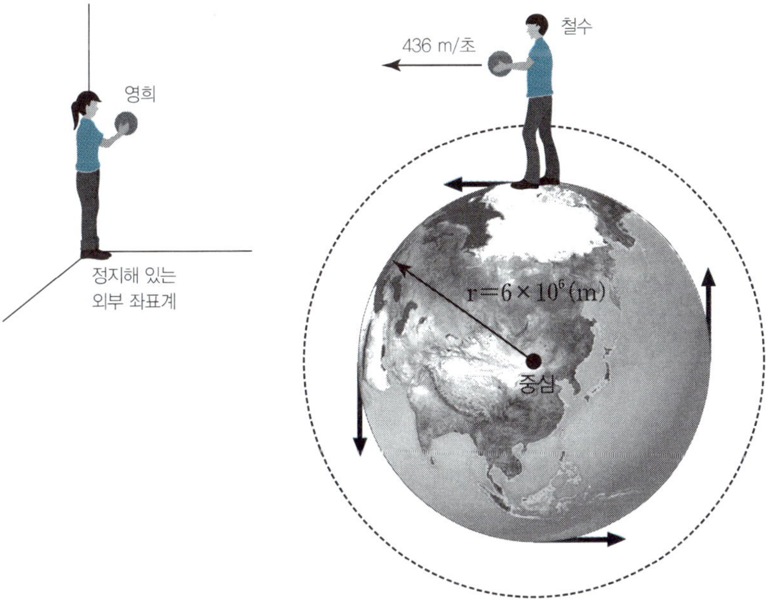

그림 4-10 '지구'라는 버스에 탄 승객의 움직임

는 습성을 가지고 있다. 이런 현상은 뉴턴의 운동 법칙 중에서 제1법칙으로, **관성의 법칙**이라고 부른다.

그림 4-10에서 보면, 지구에 있는 철수는 정지해 있다고 생각하지만, 지구 밖의 정지한 곳(계)에서 영희가 관측하면 철수는 지구와 함께 회전하는 것으로 관측될 것이다. 그러면 얼마나 빠른 속도로 지구에 있는 철수가 운동하는지 알아보자. 지구의 반지름은 약 6×10^6 m이며 지구의 둘레($2\pi\times$ 반지름)는 약 37.68×10^6 m이다. 지구가 24시간(3600초/시간 × 24시간)에 1회전(자전)함으로써 1초 동안에 철수가 436 m 움직이는 것으로 계산된다. 철수가 들고 있는 공

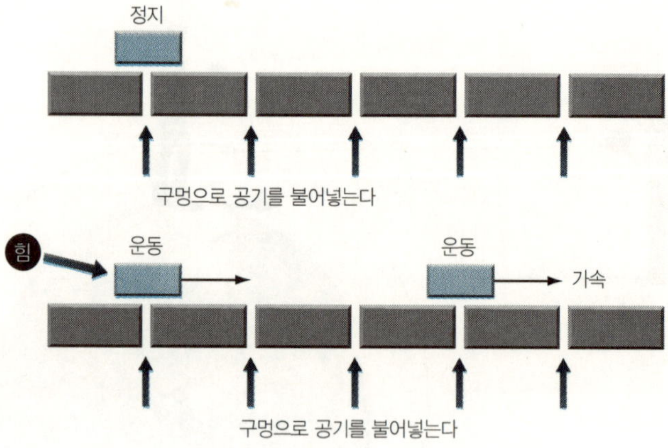

그림 4-11 정지하는 물체와 운동하는 물체

이 0.1초 후에 바닥에 떨어진다면 영희는 공이 운동 관성에 의하여 43.6 m 지난 다음에 땅에 떨어지는 것을 관측할 것이다. 그러나 지구라는 큰 버스에 탄 철수는 공이 곧바로 발밑에 떨어지는 것으로 관측할 것이다.

일상 생활에서 일어나는 이러한 현상을 실험실에서 관측하기 위하여 그림 4-11과 같이 물체와 책상 바닥의 마찰에 의한 저항을 없애기 위해 운동하는 물체가 책상 위에 떠 있도록 책상 밑으로 공기를 불어넣었다. 책상 위에 정지한 물체는 외부로부터 어떠한 힘을 받지 않으면 그대로 책상 위에 정지 상태로 있으며, 운동하는 물체는 속도와 방향의 변화 없이 똑바로 직선 운동을 하는 것을 관찰할 수 있다.

그런데 그림 4-11과 같이 운동하는 물체의 뒤쪽에서 힘을 가하면 속도가 증가하고 앞쪽에서 힘을 가하면 속도가 감소하였다. 우리는 여기에서 힘이 운동하는 물체에 영향을 미친다는 것을 알 수 있다. 또한 이와 같은 현상으로부

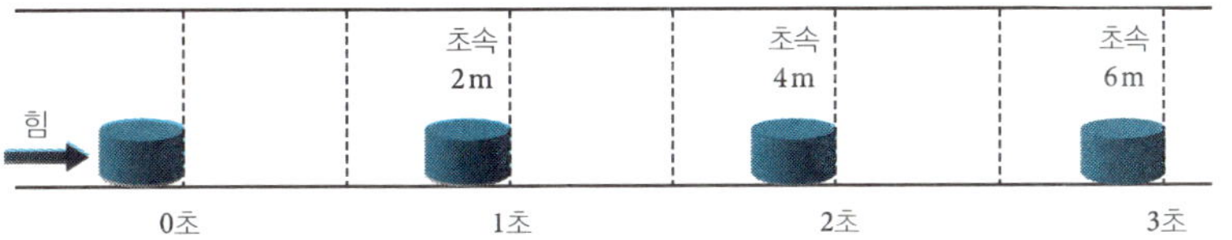

| 그림 4-12 | (가) 질량(m)을 갖는 물체(나무)에 힘을 가했을 때 시간별 속도

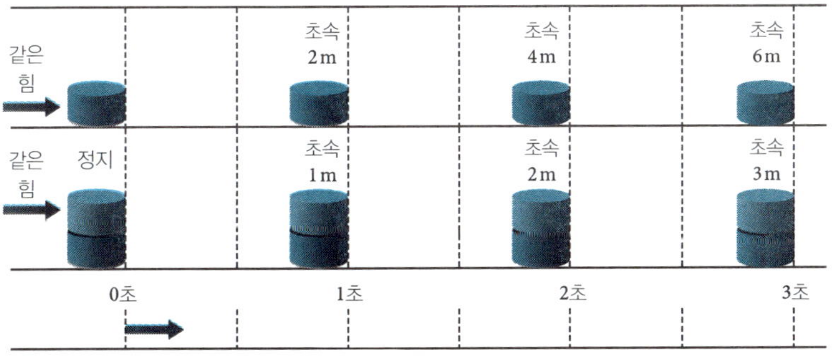

| 그림 4-12 | (나) 물체의 질량(m)을 2배로 하고 똑같은 힘을 가했을 때 시간별 속도

터 **관성의 법칙**을 생각해 보면 운동하는 물체의 속도와 방향을 바꾸는 것이 **힘**이라는 것을 알 수 있다. 힘은 물체의 속도를 빠르게도 느리게도 바꿀 수 있으며 운동하는 물체의 방향도 바꿀 수 있다.

이제 속도가 얼마나 빠르게 바뀌는지를 수식으로 표현해 보자. 그림 4-12(가)에서 알 수 있는 것은 물체의 속도는 1초에 2 m씩 증가하고 있다는 것이다. 즉 나무의 속도는 초당 2 m씩 증가하므로 가속도의 크기가 2라는 것을 알게 된다. 나무토막의 질량이 m이라고 하면 힘$=$m$\times$2가 된다. 그리고 나무를 2개 겹쳐 똑같은 힘을 가했을 때의 시간별 속도의 변화를 그림 4-12(나)에 나타내었다. 이 경우는 1초에 1 m씩 속도가 증가했으며 나무의 가속도의 크기는 1이다. 나무가 놓여 있는 표면과 나무 사이에는 마찰이 없다고 가정하고, 이것을 식으로 표현하면 그림 4-12(가)에서는 힘=질량×2로, 그림 4-12(나)에서 가속도는 1이므로 힘=(2질량)×1로 표현할 수 있다. 그래서 힘=질량×가속도라는 식을 만들 수 있으며, 이 식을 뉴턴의 제2법칙으로 운동의 법칙이라고 부른다.

끝으로 어느 씨름대회에 출전한 두 선수 A와 B가 서로 맞잡고 혼신의 힘으로 상대편을 제압하려고 하지만, 서로의 힘이 비슷하여 승부는 나지 않은 상태에 있을 때 A가 B에게 또 B가 A에게 작용하는 힘을 작용-반작용의 힘이라고 한다. 이러한 것을 뉴턴의 제3법칙, 작용-반작용의 법칙이라고 한다.

5. 세상을 바꾸는 운동

물체에 가하는 힘을 시간이라는 개념에서 표현하면 힘×시간으로 생각할 수 있다. 그리고 또 물체에 힘을 가하여 물체를 이동시키는 공간적인 개념에서는 힘×거리를 생각할 수 있다. 힘×시간을 통하여 운동량의 변화로 운동량의 원리 및 운동량 보존의 법칙을 알아볼 수 있다. 그리고 힘×거리는 물체에 대하여 한 일 또는 운동 에너지의 변화로 역학적 에너지 보존의 법칙을 공부할 수 있다.

운동량은 물체의 질량(m)과 그 물체가 운동하는 속도(v)의 곱(mv)으로 나타낸다. 그래서 힘×시간은 '마지막 운동량 – 처음의 운동량'으로 표현된다. 야구시합, 골프 운동, 당구, 권투시합 등의 운동은 운동량의 변화를 이용하여 힘×시간이라는 **충격량**으로부터 힘과 시간의 크기를 조절할 수 있으며 힘을 크게 만들어 상대편을 제압하는 운동 경기이다.

먼저 야구 경기에 대하여 이야기해 보자. 투수가 질량이 m인 야구공을

ǀ 그림 4-13 ǀ 야구 경기 모습(출처: shutterstock)

160 km/시간(44.4m/초)의 속도로 던지면 0.3초 후에 공이 타자 앞에 오게 된다(투수와 포수 간의 거리는 남자는 14.02 m, 여자는 13.11 m이다). 타자는 야구방망이를 휘두를 때 처음의 속도보다 공을 때리는 마지막 순간의 속도가 크면 클수록 운동량의 변화(마지막 운동량−처음의 운동량)가 커졌다는 뜻이며 이것이 충격량(힘×시간)이다. 즉 야구공을 때리는 마지막 순간의 속도가 크므로 충격량도 커진 것이다. 또한 마지막 순간의 속도가 크면 야구배트에 공이 맞는 시간이 짧아졌다는 것을 뜻한다. 결과적으로 큰 힘으로 공을 쳤다는 이야기가 된다. 앞에서 공부한 뉴턴의 제2법칙, 운동의 법칙은 힘 = 질량 × 가속도에서 힘이 크면 야구공의 질량은 일정하므로 공이 날아가는 가속도가 커진 것이다. 다시 정리하면 야구공을 치는 순간 배트의 스윙하는 속도가 크면 충격량이 커져 큰 힘으로 공을 친 것이 되기 때문에 공의 가속도가 커져 멀리까지 날아갈 수 있다.

똑같은 이유로 유리컵 2개를 같은 높이에서 시멘트로 된 방바닥에 떨어뜨렸을 때와 방석 위에 떨어뜨렸을 때 유리컵의 운동량의 변화는 같지만 방석 위에 떨어지면 방바닥에 떨어질 때보다 접촉하기까지의 시간이 길어져 힘을 적게 받으므로 쉽게 깨지지 않을 것이다. 반면에 방바닥이나 콘크리트 바닥에 떨어지면 컵이 바닥과 접촉하는 시간이 짧아 큰 힘을 받아 깨질 수 있다. 그래서 각종 체조경기장에는 선수들이 바닥에 닿는 접촉시간을 길게 하고 충격 받는 힘을 적게 하기 위해 매트리스를 깔아 놓는다. 다른 예로는 씨름경기장의 모래와 유도장의 매트리스 등을 생각할 수 있다.

골프 경기에서도 똑같은 원리가 성립한다. 골프채로 공을 칠 때 운동량의 변화를 크게 만들려면 백스윙에서부터 다운스윙으로 바뀌는 순간의 속도보다 골프공을 치는 마지막 순간속도가 최대가 되어야 한다. 그렇게 되면 마지

그림 4-14 골프 경기 모습(출처: shutterstock)

Ⅰ 그림 4-15 Ⅰ 볼링 경기 모습(출처: shutterstock)

막 운동량이 최대가 되며 이 값에 앞 순간(처음)의 운동량을 빼면 골프채의 충격량이 된다. 이 경우에도 운동량의 변화는 힘×시간으로 표현되며 이때 공을 맞추는 시간이 짧아질수록 큰 힘으로 공을 때릴 것이다. 큰 힘으로 공을 치면 공은 가속되면서 먼 거리에 도달하게 된다. 세계적으로 유명한 골프 선수들은 빠르고 정확한 스윙 자세를 갖추기 위해 수만 번의 연습을 한다.

마찬가지로 권투 선수도 공격을 할 때 주먹을 앞으로 펼치면서 전진하는데, 주먹의 속도가 전진하는 몸의 속도와 합해져서 운동량의 변화가 커지고 상대편을 맞추는 시간이 짧아지면서 센 힘으로 상대편을 제압할 수 있게 된다. 그리고 수비를 할 때에는 앞에서 유리컵이 방석이나 이불 위에 떨어지는 것과 같이 후진하면서 상대편의 주먹에 맞는 시간을 길게 해야 작은 힘을 받아 충격이 적어지게 될 것이다. 이렇듯 하나하나의 운동을 분석해 보면 그 속에 간단한 물리가 숨어 있다는 것을 알게 된다. 그래서 스포츠는 과학이라고도 말하는 것이다.

그러면 지금부터는 이야기를 바꾸어 우리가 살고 있는 공간에서 일어나는 일, 즉 힘×거리에 대하여 이야기해 보자. 볼링은 미국에서 출발한 경기로, 공의 무게는 파운드로 나타낸다. 공의 무게는 6~16파운드까지 정수로 세지만, 이는 소수점 아래 자리수를 버리고 표시한 것이므로, 같은 파운드 수의 공이라도 실제 무게에는 차이가 있다. 16파운드는 약 7.26 kg이다.

볼링공을 들고 앞으로 달리는 몸의 속도와 공을 든 팔을 앞으로 뻗는 속도의 합이 공의 속도이다. 그리고 공을 들고 움직인 거리만큼 일을 하게 된다. 공에 대하여 한 일(힘×거리)만큼 공은 운동 에너지로 변환되면서 굴러가게 된다. 즉 볼링공에 해준 일이 곧 운동 에너지로 바뀌는 것이다. 이 운동 에너지는 앞에 세워져 있는 10개의 핀을 때려 넘어뜨리게 된다. 그래서 일의 단위와 에너지의 단위는 같다. 또 공을 높은 산이나 아파트 건물의 옥상으로 옮기려면 공에 대하여 일을 해주어야 한다. 이때는 공에 대하여 해준 일이 곧 위치 에너지

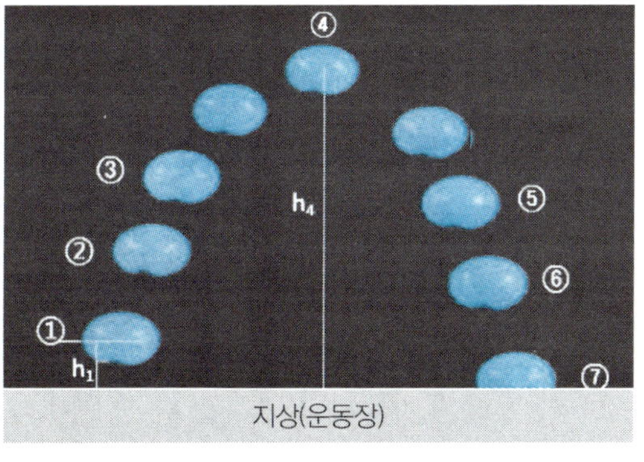

그림 4-16 물체의 역학적 에너지

로 나타난다. 따라서 우리 주변에 물체가 가지는 에너지는 운동 에너지와 위치 에너지로 생각할 수 있다. 이 두 에너지의 합을 **역학적 에너지**라고 부르며 두 에너지의 합은 항상 일정하다. 그래서 역학적 에너지는 항상 일정하게 보존된다고 한다.

그림 4-16과 같이 물체를 공중으로 던졌을 때 물체가 갖는 위치 에너지와 운동 에너지의 합은 언제나 일정하다. 그림 4-16에서 물체를 어느 일정한 속력으로 공중을 향해 던졌을 때, 즉 ①→②→③→④(최고점)→⑤→⑥→⑦(지상)의 경로를 거쳤을 때 최고점에서는 운동 에너지가 모두 위치 에너지로 변환되어 위치 에너지뿐이다. 이때 위치 에너지는 역학적 에너지와 같다. 그리고 ⑦(지상)의 상태에서는 공의 높이가 없기 때문에 위치 에너지는 영(0)이다. 위치 에너지가 모두 운동 에너지로 변환되며 이때의 운동 에너지는 역학적 에너지와 같다. ①, ②, ③, ⑤, ⑥의 경우는 운동 에너지+위치 에너지=역학적 에너지로 표현되며, 항상 일정하므로 역학적 에너지는 보존된다.

이제 어떤 대상 물체에 가해진 힘의 시간적 효과는 운동량의 변화라는 것과, 힘의 공간적 효과는 일로 표현되며, 이것은 힘×거리=운동 에너지 변화로 표현된다는 것을 알게 되었다. 또한 이를 통하여 운동량의 보존 법칙과 역학적 에너지의 보존 법칙을 알게 되었다.

마지막으로 살펴볼 것은 관성력이다. **관성력**은 실제로 있는 힘은 아니지만 전차나 자동차의 승객은 이 힘 때문에 손잡이를 잡고 자세를 바로 잡아야 할 때가 있다. 관성력의 원인은 자동차나 전차를 탄 승객이 차와 함께 앞 방향으로 가속하므로 생기는 힘으로, 방향은 차의 가속 방향과 반대 방향이다.

(가) (나)

그림 4-17 승강기(또는 캡슐) 속에서 관성력과 중력(출처: shutterstock)

그러면 승강기 속에서 관성력에 대하여 생각해 보자. 무중력(중력이 없음, 우주선) 상태라고 하면 우주 공간을 연상하는 사람들이 많을 것이다. 그러나 무중력 상태는 생각하는 것보다 쉽게 만들어진다. 일본 홋카이도 카미스나가와쵸에 위치한 지하 무중력실험센터에서는 긴 둥근 관 속에서 길이 8 m, 지름 2 m의 캡슐을 만들어 낙하시켜 10초 정도 무중력 상태를 만든다. 그림 4-17(가)와 같이 승강기에 작용하는 힘은 아랫방향으로 중력이 작용하고 있으며 지면(땅)에 대하여 아랫방향으로 승강기가 가속되어 내려올 때에는 그림 4-17(나)와 같이 중력 > 관성력의 조건에서 공중에 약간 떠 있는 느낌을 받기 시작한다. 그리고 아주 불행한 일이지만, 만약 승강기를 고정한 줄이 끊어져 낙하한다고 가정하면, 이때는 중력 = 관성력이 되어 완전한 무중력 상태를 느끼게 된다. 여기에서 무중력을 강조하는 것보다 중력 가속도로 낙하하는 방향의 중력과 반대 방향으로 가상의 관성력이 작용하고 있는 것에 초점을 맞춰 보자. 이때 관측자가 모래시계를 가지고 있다면 모래가 아래쪽으로 흘러 내리지 않을 것이다.

6. 누가 무거울까?

그림 4-18은 시소를 나타낸 것이다. 그림 4-18의 시소-1에서 영희와 철수가 시소의 등받이에 앉았더니 수평을 유지하였고, 시소-2에서 순이와 영수가 시소에 앉았더니 순이가 앉은 쪽이 아랫방향으로 내려갔다. 순이와 영수 중 누가 무거울까? 또 영희와 철수 중 누가 무거울까? 순이는 "영희와 철수의 몸무게는 같고, 나는 영수보다 무겁다"라고 하였다. 이에 대하여 자세히 알아보자.

그림 4-18 시소 놀이

그림 4-19는 몸무게가 똑같은 세 아이가 시소를 타고 있는 그림이다. 왼쪽 거리와 오른쪽 거리는 어느 쪽이 더 길며, 또 몇 배나 길겠는가? 세 아이의 무게가 같다고 하였으므로 두 사람의 몸무게×오른쪽 거리는 한 사람의 몸무게×왼쪽 거리와 같을 것이므로, 왼쪽 거리가 2배 더 클 것이다.

힘은 **방향**과 **크기**가 있으며 그 힘이 작용하는 **작용점**이 있다. 시소의 받침점으로부터 어린이가 있는 점(작용점)까지가 받침점에서 작용점까지의 거리이다. 여기에서 힘의 방향은 지구 중심 방향이고 힘의 크기는 어린이의 몸무게가 되며, 힘이 미치는 곳은 받침점으로부터 힘과 수직 거리로 나타난다. 물리에서는 이러한 사실을 **힘의 능률**이라고 한다. 즉 **힘×거리**(회전축과 작용점 간의 거리)=**힘의 능률**(힘의 모멘트)이다. 우리들의 일상생활에서 놀이 기구, 시소를 제외하고 **힘의 능률**을 이용한 다른 생활 용품들이 있을까?

옛날부터 사용해 오던 대저울을 생각해 볼 수 있다. 시장에서 물건을 사고팔 때 이 저울을 이용하여 무게에 따라 가격을 결정하였다. 대저울에 의하여 물체의 무게를 측정하는 방법을 생각해 보자.

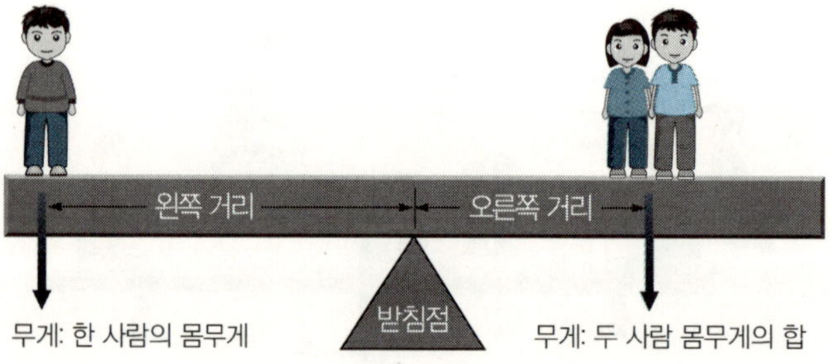

그림 4-19 몸무게가 똑같은 세 아이가 시소를 타고 있는 모습

(물체의 무게)×(물체까지 거리)=(추(분동)의 무게)×(추까지의 거리)이므로 1그램에서부터 수백 킬로그램까지의 표준 물체를 물체 자리에 놓고 눈금을 기록해 놓은 저울을 사용했다. 여기에서 무게를 1 g, 2 g으로 표현했지만, 이것은 질량을 뜻한다. 실제로 무게는 질량×중력 가속도이다.

시장에서 채소나 고기를 팔 때보다 금이나 은 같은 귀금속을 거래할 때는 정밀도가 더욱 요구된다. 요즈음은 저울에 물체를 올려놓으면 자동으로 무게를 알 수 있는 자동저울이 많이 사용된다.

7. 외줄 타기의 물리

가을이 되면 각 지방단체나 민간단체에서는 그 지역의 특색 있는 문화 행사를 주관하여 지역 주민들의 축제를 연다. 특히 진주의 개천예술제, 청도의 소싸움 같은 축제는 많은 사람들이 참가하고 즐기는 민속축제의 장이다. 민속축제 중에서 사물놀이를 비롯하여 농악이 있는 곳에서는 외줄 타는 놀이가 있기 마련이다. 곡예를 펼치는 이들은 하나같이 한쪽 손에 부채를 들고, 두 팔을 옆으로 활짝 펴서 묘기를 뽐낸다.

관객들은 무심코 그들의 묘기에 도취되어 한바탕 즐기게 되지만 호기심이 많은 어린이들은 왜 저 사람들이 양팔을 펴고 부채를 들고 있는지 궁금해하기 마련이다. 결론을 이야기하면, 줄 위에 선 장인들은 줄의 왼쪽이나 오른쪽으로 넘어지지 않기 위해 부채와 팔을 벌리고 묘기를 보여 주는 것을 그림 4-20에 나타냈다.

이것을 이해하기 쉽게 하기 위해 장인이 팔을 벌린 것은 나무막대를 옆으

그림 4-20 외줄 타는 장인들의 모습

로 들고 있는 것과 유사하므로 그 이유를 설명하고자 한다. 나무막대는 앞에서 줄타기 하는 장인들이 한 손에 부채를 들고 양팔을 펼치는 효과와 비슷하다.

긴 나무막대를 오른쪽 또는 왼쪽으로 회전하는 경우 나무막대의 회전축은 나무막대에 수직이다. 이것은 그림 4-21(나)와 같은 경우이다. 그리고 크기나 모양이 똑같게 만들어진 막대를 그림의 (가)와 같은 회전축으로 회전하는 경우와 (나)의 경우를 비교하면서 회전이 잘되지 않는 쪽을 찾아 그 이유를 생각해 보자. 그림 4-21에서 I는 **회전 관성**이라고 하며 R은 둥근 긴 막대의 반지름, L은 긴 막대의 길이이다. 여기에서 L은 R보다 훨씬 크다. 그림 (가)는 길이 방

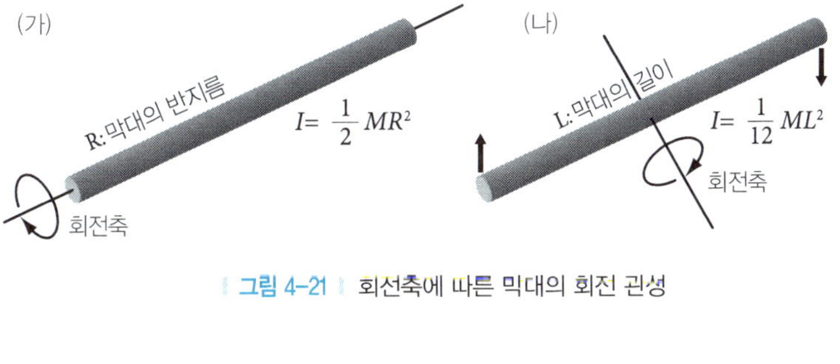

그림 4-21 회전축에 따른 막대의 회전 관성

향의 중심축에 대해 회전시키는 것이고, 그림 (나)는 길이 방향에 수직인 중심축에 의해 회전시키는 것이다. (가)의 경우는 막대를 이루는 질점(분자)들이 회전축에 가깝기 때문에 R이 아주 작아 관성 회전 I가 작으므로 회전이 쉬우며, (나)의 경우는 막대의 길이 L이 길어 질점(분자)들이 회전축으로부터 멀기 때문에 I는 L의 제곱에 비례하므로 회전 관성(I)이 아주 크게 된다. 회전 관성이 커지면 회전이 쉽지 않다.

외줄 타는 사람들이 양손을 펴는 것은 그림 4-21(나)와 같이 회전 막대를 옆으로 들고 회전 관성을 크게 만들어 외줄 위에서 자유자제로 묘기를 보이기 위해서이다.

질문 그림 4-21에서 막대의 길이(L)가 막대의 반지름(R)보다 10배 정도 크다고 했을 때, **회전 관성**은 그림 4-21(나)의 경우가 4-21(가)의 경우보다 몇 배 크겠는가?

풀이 $L = 10R$이므로

(가): $I = \frac{1}{2}MR^2$

(나): $I = \frac{1}{12}M(10R)^2 = \frac{1}{2}MR^2 \times (\frac{1}{6} \times 10^2)$. 약 17배 회전이 어렵다.

얼음판 위에서 스케이트를 타는 선수는 그림 4-22의 (가)처럼 두 팔을 활짝 펴고 달리고 있다. 이러한 몸동작은 외줄 타는 원리와 같이 좌우로 넘어지지 않기 위해서이다. 4-22(나)에서처럼 회전할 때 팔을 몸에 붙이는 것은 그림 4-21(가)와 같은 경우를 만들어 회전을 쉽게 하기 위해서이다.

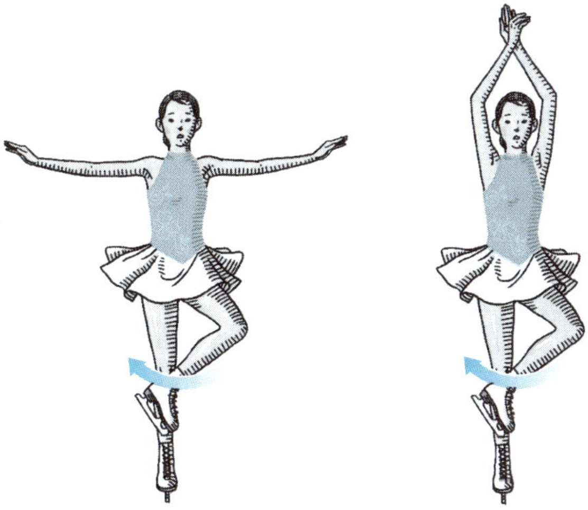

그림 4-22 빙상 선수의 팔 자세

나이아가라 폭포는 미국 뉴욕 주와 캐나다 온타리오 주의 국경을 이루는 나이아가라강에 있다. 이리호에서 흘러나온 나이아가라강이 온타리오호로 들어가는 도중에 형성된 큰 폭포로 두 개의 대형 폭포와 한 개의 소형 폭포로 이루어져 있다. 염소섬(Goat Island)을 기준으로 캐나다 폭포(말발굽 폭포, Horseshoe Fall)와 미국 폭포(American Fall)로 구분되며, 소형 폭포인 브라이달 베일 폭포(Bridal Veil Fall)는 미국 쪽에 있다. 폭포로 인해 주변에는 항상 안개가 끼어 있으며, 미국 쪽보다 캐나다 쪽의 전망이 더 좋은 것으로 알려져 있다. 캐나다 쪽 나이아가라 폭포는 높이 53미터, 길이 790미터에 이르며, 모두 합쳐 분당 168000톤(m^3)의 물이 절벽 아래의 능선으로 떨어진다. 1961년부터 13개의 수력 발전소에서 전력을 생산하고 있다.

▮ 그림 4-23 ▮ 나이아가라 폭포 위에서 외줄타기

앞에서 우리나라 민속 공연장에서 있었던 외줄 타기를 중심으로 외줄 위에서 팔을 펼치고 부채로 몸의 균형을 잡으면서 묘기를 보이는 이유를 공부하였다. 그것으로부터 우리는 긴 막대를 옆으로 잡으면, 회전 관성이 커져 회전 운동이 잘 일어나지 않는다는 것을 알았다. 그림 4-23과 같이 미국의 나이아가라 폭포 위에서 외줄타기를 하는 사람은 아주 긴 막대를 옆으로 어깨에 메고 높이 53미터, 길이가 790미터의 외줄을 타고 있다.

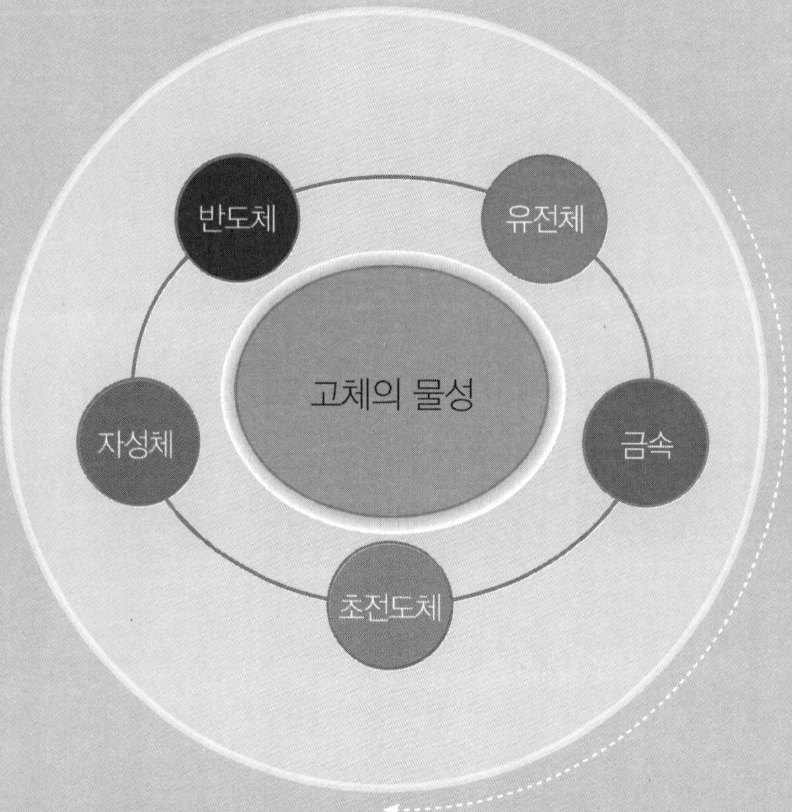

실온 초전도체를 개발할 수는 없을까?

5장

물성물리 이야기

1. 바둑판과 고체물리
2. 전자들의 세상
3. 금속의 자유 전자와 옴(Ohm)의 법칙
4. 반도체와 정류작용
5. 강자성체와 응용
6. 강유전체와 전기용량
7. 초전도체와 응용
8. 어느 연구자의 이야기

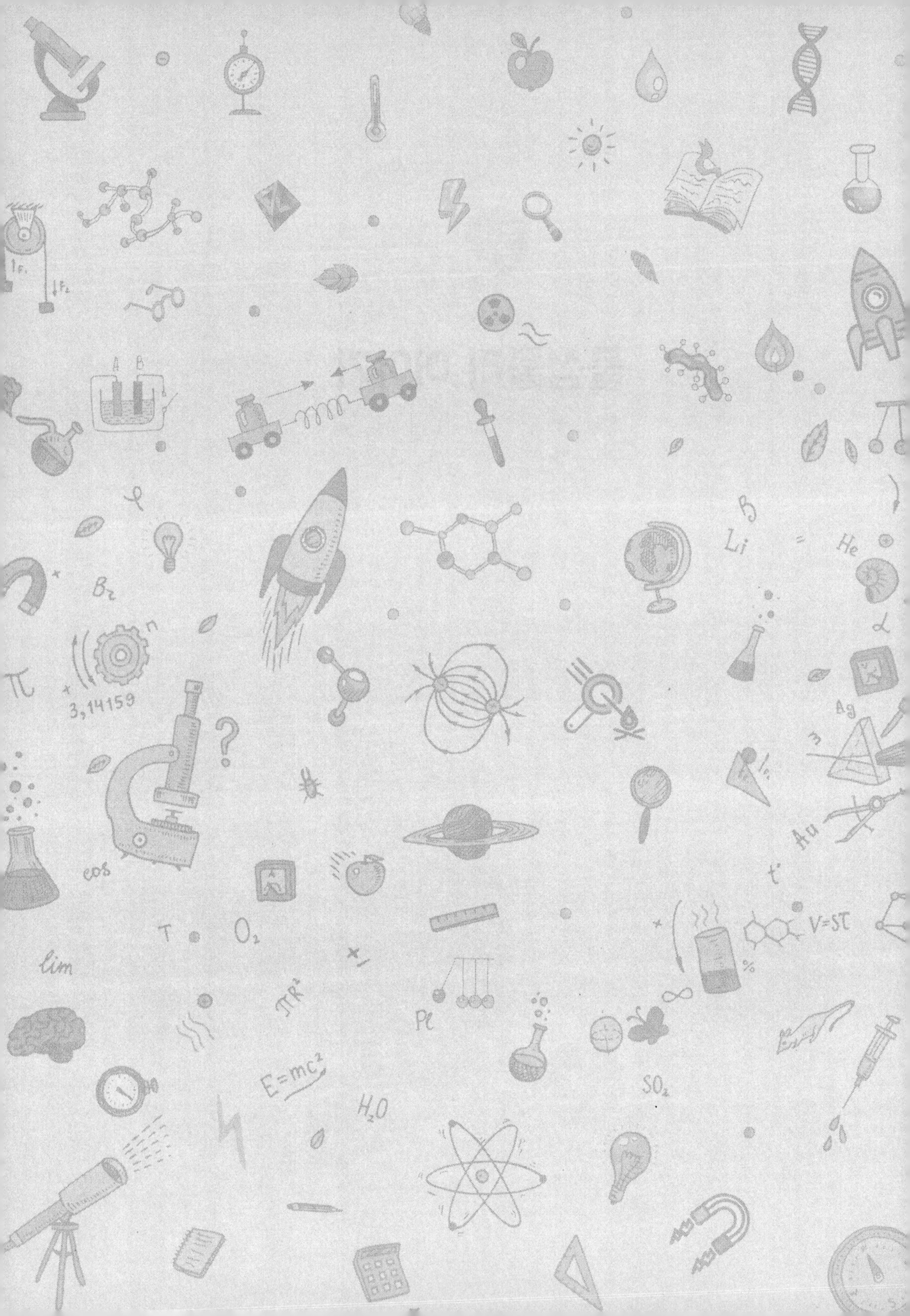

3,14159
cos
lim
T
O2
E=mc²
H2O
SO2
Li
He
Ag
Au
V=ST
Pt

1. 바둑판과 고체물리

물질은 한 원자가 분자(일원자 분자로 명명) 역할을 하는 경우도 있고, 두 원자가 하나의 분자로, 또는 여러 개의 원자가 하나의 분자로 된 물질도 있다. 이러한 분자들은 온도에 따라 물성이 변할 수 있다. 2장에서 물의 온도 변화에 대한 상태 변화를 살펴보았다. 그림 5-1은 고체, 액체, 기체에 대하여 분자의 운동을 추상적으로 묘사한 것이다. 이러한 상태 변화는 3차원 세계에서 일어난다. 그러나 액체나 고체를 아주 얇게 2차원적으로 만들어 놓고 그것의 온도를 변화시키면 앞에서 이야기한 상태 변화(또는 상전이, phase transition)는 볼 수 없다. 이러한 현상을 이론적으로 정리한 업적으로 데이비드 사울리스(David J. Thouless) 교수(미국) 외 2명이 2016년에 노벨 물리학상을 수상하였다.

기체 분자는 1초 동안에 수백 미터 정도 움직일 수 있다. 액체 분자는 분자 간의 거리가 일정하지 않은 불규칙한 물질로 기체 분자보다 움직임은 적지만 어느 정도 움직일 수 있다. 그러나 고체 상태가 되면 분자들은 일정한 거리가

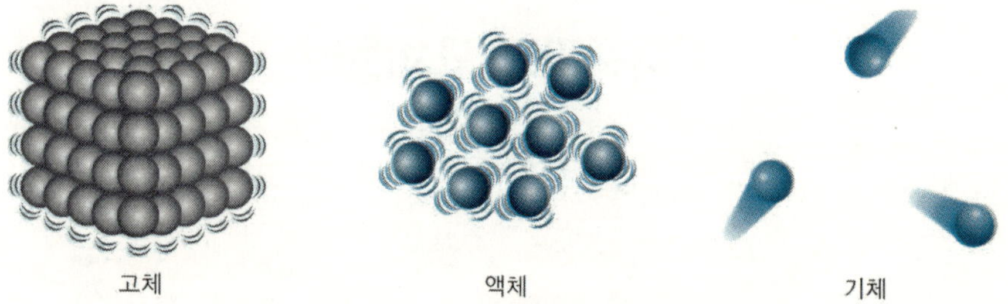

그림 5-1 고체, 액체, 기체 상태에서 분자 운동

유지되어 3차원적으로 규칙적인 구조를 이루면서 미세진동을 하게 된다.

이야기를 조금 바꾸어 바둑판 이야기를 해 보자. 바둑은 가로 19선과 세로 19선으로 만들어진 평면에 가로 세로 눈금이 만나는 자리에 검은색 돌과 흰색 돌을 놓는 경기이다. 경기가 시작되면 자기의 돌을 연결시켜 독립된 2집(선이 만나는 점) 이상을 만들어야 하며, 2집을 만들지 못하고 상대편의 돌에 포위되면 잡히게 되어 있다. 지난 2016년에는 알파고(AlphaGo)의 인공지능(AI ; artificial intelligence)을 개선하여 인간 능력의 한계를 초월했음을 보였다. 인공지능의 연구개발은 제4차 산업혁명에서 국가 간 경쟁력의 지표가 되고 있다.

바둑판 위의 흰 돌과 검은 돌을 하나의 원자라고 생각해 보자. 예를 들면 검은 돌은 Na(나트륨) 원자이고 흰 돌은 Cl(염소) 원자라고 생각하면 바둑판 위에 Na 원자와 Cl 원자가 서로 교차하면서 배열되어 마치 소금 분자가 놓여 있는 것처럼 생각할 수도 있다. 이러한 바둑돌의 배열을 고체 속에 있는 원자의 배열과 비교하여 보자. 그림 5-2에는 2차원 평면의 바둑판에서 그림 5-2(가)에는 검은 돌(A ; Na)을 규칙적으로 배열하였으며 그림 5-2(나)에는 검은 돌과 흰 돌(B ; Cl)을 교차 배열하였다.

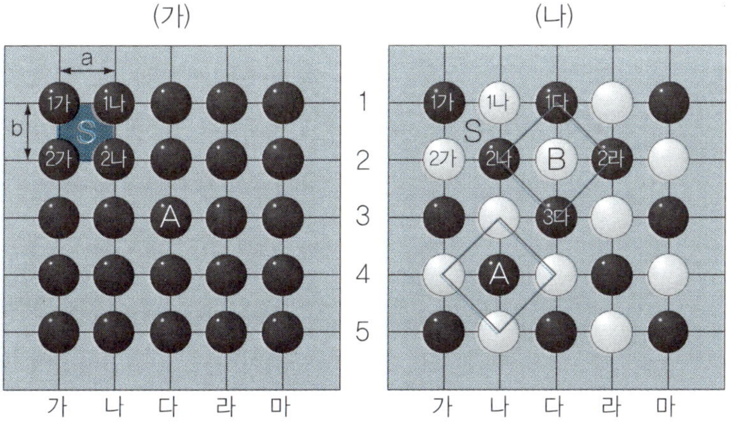

그림 5-2 바둑판에서와 같이 2차원상에서 원자의 배열

그림 5-2(가)에서 검은 돌이 사각형의 모서리에 놓여 있으면 나트륨(Na) 금속의 구조가 된다. 이 사각형의 면적은 가로×세로(a×b)로 주어질 것이다. 그리고 이 면적(S)은 검은 바둑알이 만드는 최소의 면적이 될 것이며, 가로 세로의 간격 a와 b의 길이가 같으면 정사각형, 다르면 직사각형을 이룰 것이다. 그림 5-2(나)에서 검은 돌(A)이 만드는 가장 작은 사각형은 (1다, 2나, 3다, 2라)점을 생각할 수 있다. 그리고 중앙에는 다른 색깔의 흰 돌(B)이 (2다) 점에 하나 놓인다. 즉 A가 만드는 가장 작은 사각형의 중심에는 B가 위치하며, 반대로 흰 돌(B)이 만드는 사각형 중심에는 검은 돌(A)이 위치한다. 이때 A 또는 B가 만드는 사각형의 면적은 얼마인가? 한 변의 길이가 $\sqrt{a^2+b^2}$ 이므로 면적은 a^2+b^2 이다.

그림 5-2(가)에서 검은 돌(A)이 가로 세로로 연결되어 있는 것은 흡사 금

속이나 Si 반도체와 같은 동일 원자로 구성된 물질의 2차원 평면을 연상하게 한다. 이 그림에서 바둑돌이 (1가, 2가, 2나, 1나)에 놓여 있을 때 면적(S)이 (a×b)임을 알고 있다. 그러면 (a×b) 면적에 바둑돌은 몇 개 들어 있다고 생각하는가? 면적 S에는 바둑돌이 1개 있다. 면적 S의 모서리에 놓인 돌은 모두 1/4씩 S 면적 속에 있다(모서리에 놓인 사과를 칼로 쪼개면 1/4이 4개 있으므로 1개의 사과가 된다)(그림 5-3 참조). 이때 면적 S를 **단위면적**이라고 한다. 그리고 단위면적에 하나의 원자(분자)가 있으며 이 경우는 일원자 분자이다. 그러면 3차원일 때는 8개의 돌이 그림 5-3에서의 사과처럼 육면체의 모서리에 있다. 이때에도 육면체 속에 1개의 돌이 있으며 이 경우도 일원자 분자이다. 그리고 그 육면체를 **단위부피**(unit volume: V)라고 한다.

그러면 그림을 바꾸어 그림 5-2(나)에서 여러 가지 문제를 생각해 보기로 하자. 이 그림에서도 앞에서와 같이 바둑돌이 (1가, 2가, 2나, 1나)에 놓여 있을 때 그림 5-2(가)와 같은 면적 S에는 (1가, 2나)점에는 검은 돌(A), (1나, 2가)점에는 흰 돌(B)이 놓인다. 이때는 면적 S 속에 검은 돌(A)이 2개×1/4이므로 1/2개, 흰 돌(B)도 1/2개 들어 있다고 생각된다. 바둑판을 고체의 소금 결정

그림 5-3 사면체와 육면체 모서리에 있는 사과

이라고 바꾸어 생각하면 검은 돌이 Na 원자이고 흰 돌이 Cl 원자일 때 Na 원자가 1/2개, Cl 원자가 1/2개 들어 있어 1/2개의 소금 분자가 들어 있는 것과 같다. 실제로 1/2개의 소금 분자는 존재할 수 없으므로 그림 5-2(나)에서는 그림 5-2(가)와 같이 최인접 원자 4개로 단위면적(S)을 나누는 것은 합당하지 않다.

조금 더 바둑판의 면적을 넓혀서 (1나, 2가, 3나, 2다) 점에 흰 돌(B)이 있으면 그 사각형 면적의 중앙(2나) 점에 검은 돌(A)이 있다. 그리고 (1다, 2나, 3다, 2라) 점에 검은 돌이 있을 때에는 그 중앙(2다) 점에 흰 돌이 있다. 평면의 모서리에 있는 돌은 (1/4)×4개가 되어 1개의 원자가 되며 그 사각형의 중앙에 다른 원자가 있으므로 이 두 가지의 경우를 소금 분자로 바꾸어 생각하면 사각형이 만드는 면적 속에 Na 원자 하나와 Cl 원자 하나가 있게 된다. 이 경우의 사각형도 **단위면적**이라고 부르며 단위면적 속에 소금 한 분자가 있음을 알 수 있다.

고체를 구성하고 있는 원자가 규칙적으로 배열되어 있다는 것을 어떻게 알 수 있을까? 독일의 물리학자 뢴트겐(W. Roentgen)은 1901년에 전자빔이 유리 표면에 부딪칠 때 광선이 나타나는 것을 발견하고, 이 광선을 알려지지 않은 미지의 광선이라는 뜻에서 X선이라고 불렀다. 그는 또 전자빔이 금속판에 부딪칠 때도 X선이 발생하며 고체 속을 통과하는 사실도 알아냈다.

X선은 그림 3-2에 나타낸 것과 같이 진동수가 아주 높은 전자기파이며 원자의 내부 궤도에 있는 전자의 들뜸에 의해서 발생한다. 6장에서는 형광등의 발광에 대하여 이야기할 것이다. 형광등은 원자의 외부 궤도에 있는 전자의 들뜸으로 자외선과 가시광선을 방사하는 것에 대하여 알게 될 것이다.

그러나 에너지가 더 높은 전자빔은 원자의 내부 궤도에 있는 전자를 들뜨게 하여 더 높은 진동수를 갖는 X선을 방사한다. 이 X선은 높은 에너지를 가지므로 그림 5-6과 같이 원자핵을 둘러싸고 있는 전자층을 여러 개 투과하면서 흡수 또는 산란된다. 이러한 X선의 성질을 이용하여 결정 구조를 해석한 업적으로 브래그(W. H. Bragg)와 그의 아들(W. L. Bragg)이 노벨 물리학상을 공동 수상하였다.

2. 전자들의 세상

그림 5-4(가)는 주양자수 n=1에서부터 n=7까지 배열될 수 있는 것을 나타내었다. 그림 5-4(나)에는 주양자수 n=1일 때에는 부양자수(*l*)가 *l* = 0인 1*s* 궤도, 또 n=2일 때 *l* = 0과 1의 상대의 2*s*와 2*p* 궤도가 존재하는 것을 나타내었다. 예를 들면 29번 구리(Cu)는 29개의 전자를 가지고 있다. 전자 중에서 주양자수 n=1에서 2(1s^2)개, n=2에서 8(2s^2, 2p^6)개, n=3에서 17(3s^2, 3p^6, 3d^9)개, n=4에서 4s^2 궤도에 전자가 2개로 모두 29개의 전자가 핵을 중심으로 각 껍질(n=1, 2, …)에 채워져 운동하고 있다. 이 경우 n=1~3이 내부에 있는 궤도가 되지만, 그림 5-4(나)를 참고하면 3*d* 궤도보다 4*s* 궤도에 전자가 먼저 채워지므로 3*d* 궤도 전자가 최외각 전자의 역할을 한다. 만약 Cu 원자가 +2가의 Cu^{2+} 금속 원자 이온 상태로 되려면 n=4의 4s^2 전자 두 개가 방출되어야 한다. 그림 5-4(나)에서 전자가 채워지는 부양자수(*l*)는 0~3까지이며 n=1에서는 *l*=0, n=2에서는 *l*=0, *l*=1에 전자가 채워진다. 이와 같이 그림 5-4(나)

(가)

n; 주양자수

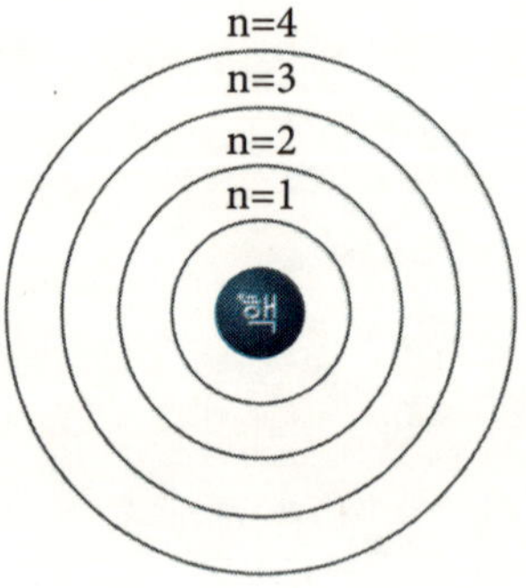

(나)

l: 부양자수

	l=0	1	2	3	4
n=1	1*s*	1*p*	1*d*	1*f*	1*g*
2	2*s*	2*p*	2*d*	2*f*	2*g*
3	3*s*	3*p*	3*d*	3*f*	3*g*
4	4*s*	4*p*	4*d*	4*f*	4*g*
5	5*s*	5*p*	5*d*	5*f*	5*g*
6	6*s*	6*p*	6*d*	6*f*	6*g*
7	7*s*	7*p*	7*d*	7*f*	
8	8*s*	8*p*	8*d*	8*f*	

■ 부양자수가 존재하지 않음

■ 현재 알려진 원소에서는 채울 수 없음

그림 5-4 원자핵 주위의 주양자수와 부양자수의 배치

에서 ■ 영역의 궤도함수에는 전자가 존재하지 않으며, ■ 영역은 현재까지 알려진 원소에서는 이 궤도에 전자를 채울 수 없다.

원자핵을 돌고 있는 전자들은 일차적으로 주양자수(n=1, 2, 3, …)에 의해 정해지고 부양자수(l=0, ±1, ±2, …)에 의해 약간 달라진다. 그리고 자기양자수와 스핀양자수를 함께 생각하면 네 종류의 양자 상태가 있다. 1925년에 파울리(W. Pauli)가 한 원자 내의 두 전자는 네 종류의 양자수가 같을 수 없다는 원리를 제안하였고, 이를 **Pauli의 배타 원리**(한 원자 안에는 양자 상태가 같은 전자가 있을 수 없다)라고 부른다. 다시 말하면 원자 내의 두 전자는 최소한 하나의 양자수라도 서로 달라야 한다. 즉 에너지와 관련된 주양자수(n), 각운동과 연관된 부양자수(l), 자기장에 따라 구분되는 자기양자수(m), 스핀양자수(s)가 한 원자 속에 동일한 양자 상태로는 존재할 수 없다. 파울리는 배타 원리의 제안으로 1945년에 노벨 물리학상을 수상하였다.

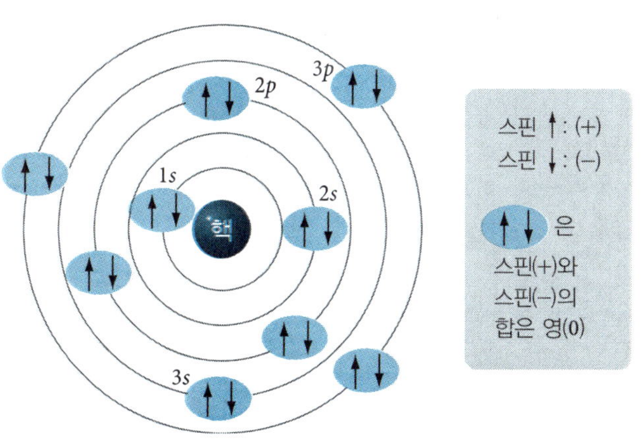

그림 5-5 아르곤 원자의 전자 배치

그림 5-5에 아르곤(Ar) 원자가 갖는 전자 상태를 나타내었다. 아르곤 원자는 18개의 전자를 가지고 있다. 그림과 같이 1*s* 궤도에 2개의 전자가 들어가며, Pauli 배타원리에 의해 허용되는 상태로 채웠다. 그리고 2*s* 궤도에 2개의 전자와 2*p* 궤도에 6개의 전자가 채워지며, 나머지 전자들은 3*s*에 2개의 전자와 3*p* 궤도에 6개의 전자가 채워져 다섯 개의 모든 궤도가 닫힌 상태이다. 그리고 이들 궤도에서 스핀 ↑(위)와 스핀 ↓(아래)로 스핀양자수의 합은 영(0)이 된다. 아르곤은 헬륨(He), 네온(Ne)과 같이 다른 원자들과 화학 작용을 하도록 약하게 속박된 전자가 없다. 그래서 화학적으로 다른 원자들과 잘 결합하지 않는 비활성 기체이다.

그림 5-6(가)와 같이 11번 원소인 Na 원자는 $1s^2\ 2s^2\ 2p^6\ 3s^1$로 전자가 배열되어 있으며, 17번 원소 Cl은 $1s^2\ 2s^2\ 2p^6\ 3s^2\ 3p^5$으로 전자가 배열되어 있다. Na 원자의 최외각 전자는 $3s^1$이고 Cl 원자는 $3p^5$이나. Na 원자는 전지 한 개를 떼

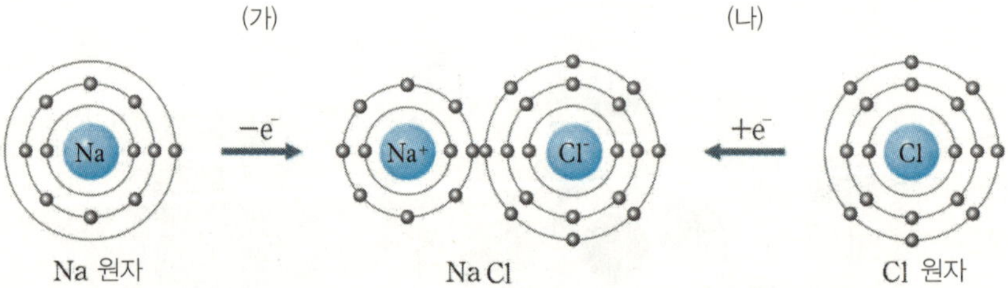

▮ 그림 5-6 ▮ Na^+ 이온과 Cl^- 이온이 이온 결합하여 NaCl 분자가 만들어짐

어내어 Na^+ ($1s^2\ 2s^2\ 2p^6$) 이온을 만들기 위해 5.1 eV의 에너지가 필요하며 n=2에서 8개의 최외각 전자를 가지므로 닫힌 안정한 상태가 된다. Cl 원자는 전자 하나를 얻게 되면 Cl^- 이온이 되면서 3.7 eV의 에너지가 발생하며 최외각 전자 $3p^5$가 $3p^6$로 된다. 그리고 n=3에서 $3s^2$와 $3p^6$로 모두 8개의 전자로 구성되어 각각의 전자 궤도가 닫힌 안정한 상태가 된다. 이러한 과정을 거쳐 Na^+와 Cl^-로 이온화가 일어나면서 상호 인력으로 결합하게 된다. 그림 5-6(나)와 같은 결정의 결합을 **이온 결합**이라고 부른다.

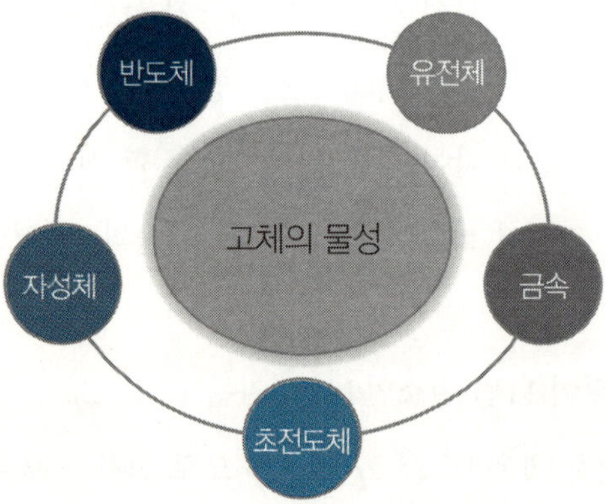

▮ 그림 5-7 ▮ 고체가 갖는 물리적 성질

결정 속에서 원자가 배열되어 있는 규칙성(또는 대칭성)과 또 원자를 둘러싼 최외각 전자의 배열에 따라 그 물질이 갖는 물성은 그림 5-7과 같이 반도체, 유전체, 금속, 초전도체, 자성체의 성질을 띠게 된다. 그리고 분자의 대칭성은 그 물체가 갖는 결정 구조에 의해 설명될 수 있다. 일반적으로 결정의 한 점을 중심으로 대칭요소(일명, 점군(點群))로 분류했을 때 모든 결정은 32종류로 나누어져 설명되지만 여기에서는 생략하였다. 이러한 어떤 결정 구조에서 분자를 구성하고 있는 원자의 최외각 전자가 그 물질의 특성에 영향을 미치게 된다. 그래서 최외각 전자의 구성을 알면 그 물질이 갖는 물성을 예측할 수 있다.

고체가 갖는 물질의 성질은 고체의 구조와 구성 원소에 따라 각각 다르게 나타난다. 이 점에 대하여 조금 더 구체적으로 살펴보자. 하나의 예로서 고체인 구리 금속에서 이웃한 원자 사이의 거리는 260 pm(10^{-12} m) 정도이다. 그림 5-8에는 R이 충분히 멀리 벌어져 있는 고립된 구리 원자와 그 원자들이 갖는 전자의 에너지 순위를 나타내었다. 이 고립된 중성 원자가 갖는 29개의 전자

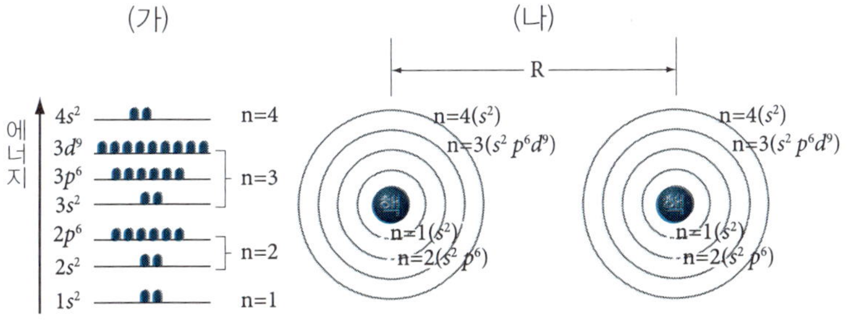

그림 5-8 (가) 궤도는 숫자의 순서로 나열하였으며 위 첨자는 그 궤도의 전자수를 뜻함. (나) 2개의 구리 원자가 거리 R만큼 떨어져 있을 때의 핵을 중심으로 한 선사의 궤도

들은 그림과 같이 $1s^2\ 2s^2\ 2p^6\ 3s^2\ 3p^6\ 4s^2\ 3d^9$의 순서로 채워진다. 고체 속의 원자 상태와 같이 2개의 원자가 배열되면 그림의 원자 간격 R이 260 pm에 접근하면서 2×29=58개의 전자를 가지게 된다. 이렇게 결합된 상태에서도 Pauli의 배타 원리에 의해 어떤 에너지 준위가 가득 차서 더 이상의 전자를 받아들일 수 없을 때, 그 준위는 완전히 채워졌다고 한다. 그리고 어떠한 전자도 들어 있지 않을 때를 비어 있다고 하며 중간인 경우를 부분적으로 채워졌다고 한다 (그림 5-9 참조).

고체 상태의 구리가 무수히 많은 N개의 원자로 구성되어 있다면 고립된 원자의 전자 상태가 N개의 에너지 준위(29×N)로 갈라진다. 따라서 고체 속에서는 원자 하나하나의 에너지 준위 N(구리 원자의 개수 밀도는 8.45×10^{22}개/cm^3이므로 대략 10^{24})개가 서로 상호작용하여 그림 5-9와 같은 띠(band)가 만들어진다. 한 개의 띠 안에는 많은 에너지 준위들이 아주 촘촘한 간격으로 모여 있다. 따라서 고체에서는 개별적인 에너지 준위들이 모여 에너지띠가 만들어지며, 띠 사이에는 에너지 간격이 있어 전자들은 여기에 해당되는 에너지를 가질 수 없다. 즉 에너지 간격에 전자가 존재할 수 없다는 것이며, 이를 금지 구역이라고 부른다.

예를 들어 그림 5-9(가)는 전자가 세 번째 띠까지 $4p^6$ 전자 궤도로 채워져 있으므로 완전히 채워진 띠이다. 그리고 그림 5-9(나)는 3개의 띠까지는 전자가 에너지 순서로 차곡차곡 채워지지만 네 번째 띠에 채울 전자가 없으므로 비어 있는 띠라고 한다. 그래서 그림 (가)와 (나)는 본질적으로 같다. 이와 같은 전자띠를 갖는 물질은 대부분 절연체에서 볼 수 있다. 그림 5-9(나)에서는

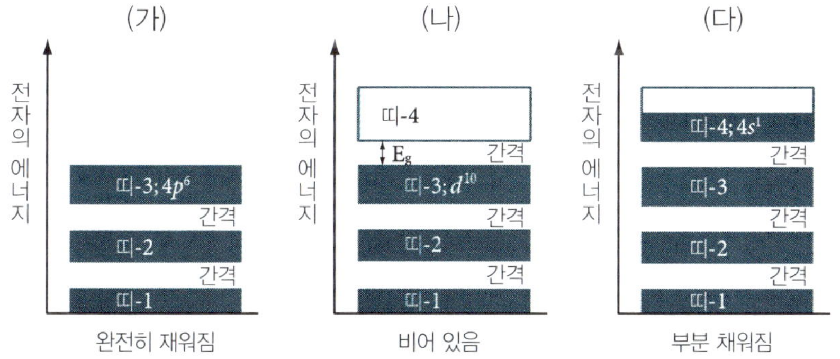

그림 5-9 이상적인 결정의 에너지 띠-간격 구조

세 번째 띠까지 전자가 가득 채워져 있으나 네 번째 띠에 전자가 비어 있을 때 전자를 채워진 띠에서 비어 있는 띠로 올려 보내기 위해 외부로부터 E_g만큼의 에너지를 공급해야 한다. 이 에너지를 에너지 간격(E_g)이라고 부르며, 이것은 그 물질이 갖는 고유한 성질이다. 그림 5-9(다)는 세 번째 띠까지 전자가 가득 채워지고 마지막 네 번째 띠에 전자가 부분 채워진다.

여기에서 전자가 가득 채워진다는 것은 N개 원자로 구성된 결정에서 s 궤도는 2N개, p 궤도는 6N개, d 궤도는 10N개, 그리고 f 궤도는 14N개의 전자가 채워져 있음을 뜻한다. 그림 5-9의 이상적인 결정의 에너지 띠-간격 구조를 채워진 띠와 비워 있는 띠, 그리고 채워진 띠와 부분 채워진 띠로 구분하여 그림 5-10에 그 모형을 나타내었다. 그림 5-10(가)는 완전히 비어 있는 띠 또는 완전히 차 있는 띠를 나타냈으며, 아르곤 원자와 같은 전자 상태를 뜻한다. 그림 5-10(가)는 절연체의 띠 모형으로 전자가 채워진 띠와 비어 있는 띠가 에너지 간격만큼 떨어져 있는 그림이며, 채워진 띠에는 s^2, p^6, d^{10}, f^{14}로 전자가 꽉

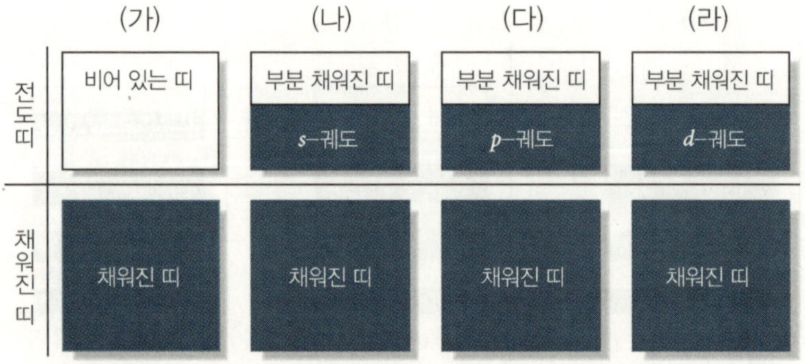

그림 5-10 물질 속에서 전자가 채워진 띠와 부분 또는 비어 있는 띠 모형

채워진 상태이다.

외부로부터 절연체에 전기장을 가하였을 때 물질 내부에서 원자 변위가 유도되어 물과 같이 쌍극자가 만들어지면 유전체라고 부른다. 그림 5-10(나)~(라)는 부분 채워진 전자 궤도를 나타냈다. 여기에서 그림 5-10(나)의 경우는 *s* 궤도가 부분 채워진 띠를 구성하며, 5-10(다)는 *p* 궤도로 구성되어 공유 결합성이 강한 금속들로 반도체성 물질들이 많다. 그리고 5-10(라)에서는 Cu^{2+} 금속 이온과 같이 *d* 궤도의 전자들로 이루어져 있으며 금속성, 자성 또는 초전도성을 띠는 물질이 많다.

지금까지 단원자로 구성된 물질에서 전자가 에너지 준위에 의해 차곡차곡 쌓여지는 순위와 그 모형에 대하여 이야기하였다. 지금부터 두 개의 원자로 결합된 분자 상태에 대하여 알아보자. 예를 들어 Ti(타이타늄) 원자와 산소 원자가 결합하여 TiO_2(산화타이탄, 광촉매 물질)가 만들어진다. 원자 번호 22번 타이타늄 원자의 전자 궤도는 에너지 순서에 따라 $1s^2$, $2s^2$, $2p^6$, $3s^2$, $3p^6$, $4s^2$, $3d^2$로 22

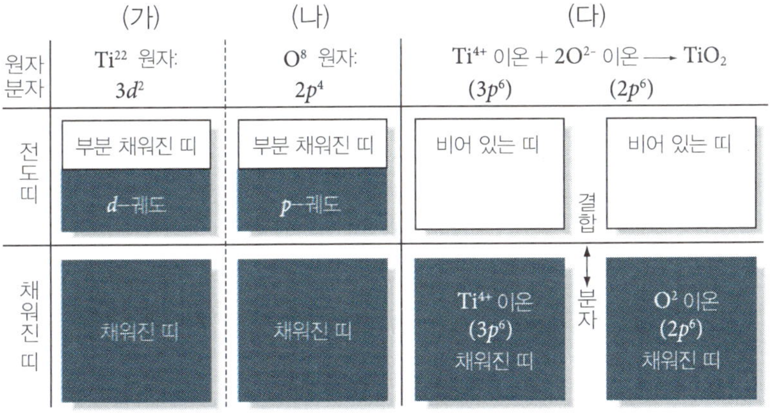

그림 5-11 Ti와 O 원자의 전자띠와 TiO_2 분자의 전자띠 모형

개의 전자가 채워진 모형이 그림 5-11(가)이다.

그림 5-11(나)는 8번 산소 원자로, $1s^2$, $2s^2$, $2p^4$로 전자가 채워진 모형이다. 타이타늄(Ti)은 금속이며 최외각 궤도는 d 궤도로 전자 두 개가 있으며, 산소 원자의 최외각 궤도는 p 궤도이며 4개의 전자를 가지고 있는 부분 채워진 띠를 이루고 있다. 타이타늄 금속 원자와 산소 원자가 결합하기 위해 타이타늄은 $4s^2$와 $3d^2$ 궤도에 있는 전자 4개를 방출하므로 Ti^{4+}(3p⁶) 이온으로 바뀐다. 이 전자 4개가 산소 원자 쪽으로 이동하여 2개의 산소 O^{2-} 이온($2p^4 \rightarrow 2p^6$)으로 만들어져 TiO_2라는 새로운 물질이 만들어지면서 그림 5-11(다)와 같이 전도띠에 전자가 하나도 없는 비어 있는 띠를 만들게 된다. 이러한 이유로 TiO_2는 절연성을 띠게 된다.

3. 금속의 자유 전자와 옴(Ohm)의 법칙

그림 5-11에 나타낸 전도띠를 간편하게 식별할 수 있도록 그림 5-12와 같이 나타내었다. 금속을 정의하는 특징은 전자가 점유하는 전자 준위 중에서 가장 높은 에너지 준위가 에너지띠의 중간쯤(그림 속의 점선)에 위치한다는 것이다. 외부로부터 금속에 전위차가 생기도록 하면 에너지가 비슷한 빈자리로 전자들이 쉽게 이동하여 금속 내부에 전류가 발생한다. 이때 쉽게 이동하는 전자들을 자유 전자라고 부른다. 자유 전자의 모형에서는 밀폐된 용기 안에서

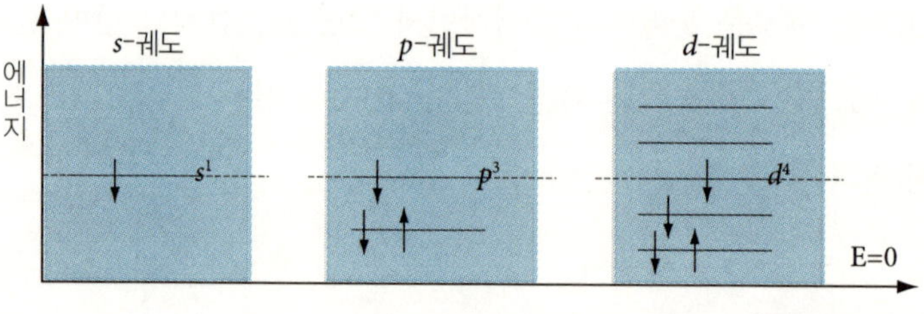

그림 5-12 전자가 부분 채워진 *s*, *p*, *d* 궤도에서 임의의 전자 준위

기체 분자들이 자유롭게 움직이듯이 전도 전자들이 금속시료 안에서 자유롭게 움직인다. 전도 전자의 위치 에너지가 금속 고체 안의 어디에서나 같은 값을 갖는다고 가정하고 이 값을 0으로 잡으면 전도 전자가 가진 위치 에너지는 0이므로 운동 에너지만 가진다. 그래서 부분 채워진 에너지띠의 바닥을 E=0로 놓았다.

물질 외부의 전기장(E)에 의해 전자(e^-)가 힘($F=eE$)을 받으면 자유 전자가 움직이기 시작하여 물질 내부에 전류가 흐른다. 이러한 물질을 도체라고 부르며 도체의 대표적인 물질은 금속(일원자 분자)이다. 금속은 그림 5-13과 같이 많은 원자가 규칙적으로 정렬되어 있으며 각 원자의 최외각에 있는 전자(그림 5-12에서 에너지가 높은 전자 상태에 해당됨)는 인접한 원자로 쉽게 이동할 수 있다. 그 이유는 최외각 전자가 가진 에너지 준위가 인접한 원자의 최외각 전자의 에너지 준위와 겹쳐 있기 때문에 하나의 원자에 구속되지 않고 이웃 원자로 쉽게 이동할 수 있기 때문이다. 금속은 여러 종류가 있으며 금속에 따라 자유 전자가 흐르는 전하량이 전부 다르다.

그림 5-14와 같이 임의의 금속봉의 전극 A와 B에 직류 전류계를 직렬로 연결하고, 건전지를 연결하였다. 그리고 금속 A와 B 양단에 연결된 건전지의 전압(V) 값을 읽기 위해 전극 C와 D에 직류 전압계를 건전지와 병렬로 연결하였다. 그림에서 금속봉을 약간 기울어지게 나타낸 것은 유리관의 기울기 각도에 따라 유리관 속에 흐르는 물의 양과 속도가 다르기 때문에 그것과 유사하게 시각화한 것이다. 여기에서 금속봉의 기울기가 만드는 각은 금속봉에 가해지는 건전지의 전압에 의존한다. 즉 전압에 따라 금속봉에 가해지는 전기장

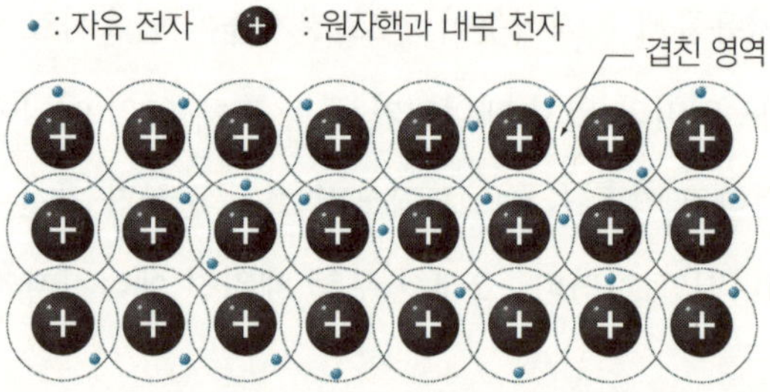

| 그림 5-13 | 금속에서 원자와 자유 전자

($E=V$/금속봉의 길이)으로 주어지게 된다.

그러면 건전지의 전압을 바꾸면서 금속에 흐르는 전류를 측정해 보자. 건전지의 전원을 2 V로 하였을 때 전류계의 눈금은 1 A가 흘렀으며, 3 V를 가했을 때는 1.5 A, 4 V일 때는 2 A가 흐르는 것을 볼 수 있다. 우리들이 측정한 실험값을 식으로 나타내면 $V = I \times$ 〔?〕로부터 〔?〕의 값을 구할 수 있다. 실험으

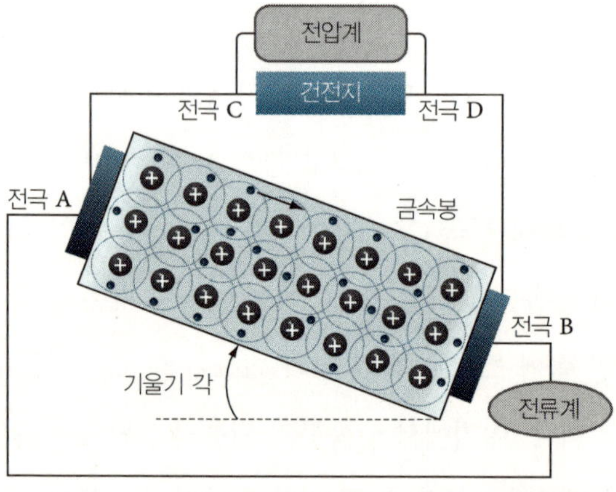

| 그림 5-14 | 금속봉에 전기장을 가했을 때 흐르는 전류

로부터 계산된 [?]의 값은 실험에 사용한 금속봉의 직류 저항(R)으로 나타난다. 이상의 실험 결과로부터 $V=IR$이라는 식을 얻게 되며, 이 식을 옴(Ohm)의 법칙이라고 부른다.

이 직류 저항은 금속의 종류에 따라 다른 값을 가지게 된다. 그래서 저항은 그 금속의 고유한 물성이다. 앞에서 열전자의 이동으로 열전도도에 관하여 이야기하였다. 같은 전위차(V)에서 저항(R)과 전류(I)는 반비례 관계이므로 전기 저항이 크면 전기 전도도(저항의 역수)가 작아진다. 그리고 금속에 흐르는 전류는 전압이 클수록 많이 흘렀으며 유리관에 흐르는 물과 같이 그림 5-14에서 기울기의 각도가 클수록 많은 전류가 흐르므로 전류는 전압에 비례하는 것을 알 수 있다.

4. 반도체와 정류작용

반도체에는 Si, Ge와 같은 일원자 분자 물질이나, 인듐 안티몬(InSb), 갈륨 아세닉스(GaAs), 산화 아연(ZnO) 등과 같은 이원자 분자 물질이 있다. 14번 규소(Si) 원자의 전자 궤도는 $3s^2 3p^2$, 32번 게르마늄(Ge)은 $4s^2 4p^2$이다. 그림 5-15(가)에는 규소 원자의 주양자수(n=1, 2, 3)에 따른 전자 궤도를 나타내었다. 규소 원자들은 그림 5-15(나)와 같이 살창 구조를 하면서 Si^{4+} 이온 상태의 전자 궤도 $3s^2 3p^2$가 이웃한 4개의 원자들이 갖는 전자 궤도 $3s^2 3p^2$와 하나씩 짝을 이루어 각각 서로 공유하면서 결합을 이루고 있다. 이러한 결합을 **공유 결합**이라고 한다.

공유 결합에 참여한 한 쌍을 이룬 전자들은 특정 원자에 속하지 않으며 총 8개의 전자가 결합에 참여하면서 안정된 결합 상태를 유지하게 된다. 앞에서 이야기한 그림 5-10(다)와 그림 5-12의 가운데 그림을 참조하면, 8개의 전자가 전자쌍 4개를 만들면서 결합을 이루고 있으며 에너지 간격이 절연체보다 좁아

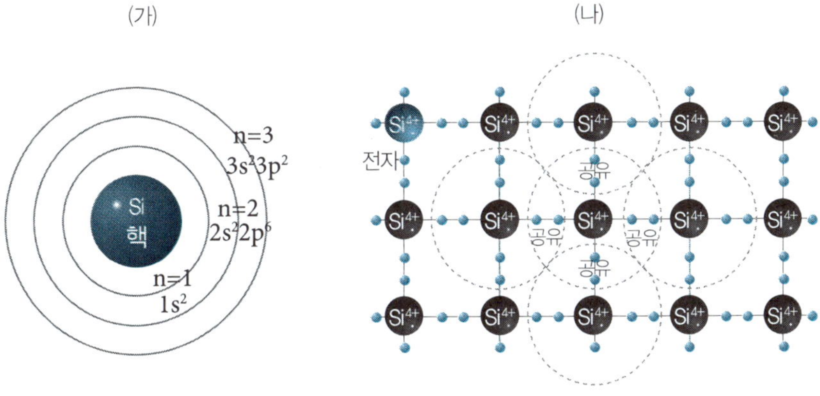

그림 5-15 실리콘 원자의 전자 궤도와 실리콘 결정의 2차원 평면 그림

반도체라고 부르기도 한다. 흔히 불순물이라고 불리는 특정한 원자를 반도체에 첨가(도핑이라고 부름)하면 그 특성이 크게 바뀌며, 오늘날 반도체 소자들은 그림 5-16과 같이 불순물을 도핑한 물질을 기본적으로 소자에 응용하고 있다.

그림 5-16(가)에는 규소 원자 자리에 불순물로 5가 원자의 인(P)을 치환한 것을 나타내었다. 불순물 인(P^{5+}) 이온은 5개의 전자를 내놓으므로 4개는 전자쌍에 기여하면서 결합에 참여하였으나 하나의 전자가 여분 상태로 주위에 머물면서 전도띠로 쉽게 올라가 결정(격자) 속을 자유로이 돌아다닐 수 있다. 이렇게 인(P) 원자는 전자를 쉽게 전도띠에 제공할 수 있으므로 **주개**라고 부르며, 이러한 반도체를 **n형 반도체**라고 한다.

그림 5-16(나)는 규소 원자에 3가 원자인 알루미늄(Al)을 도핑한 그림이다. 이 경우에는 전자쌍으로 결정 결합에 참여하는 전자가 하나 부족한 상태이다. 이러한 상태를 양공(hole)이라고 한다. 이 경우에는 띠(채워진 띠)에 생긴 하나의

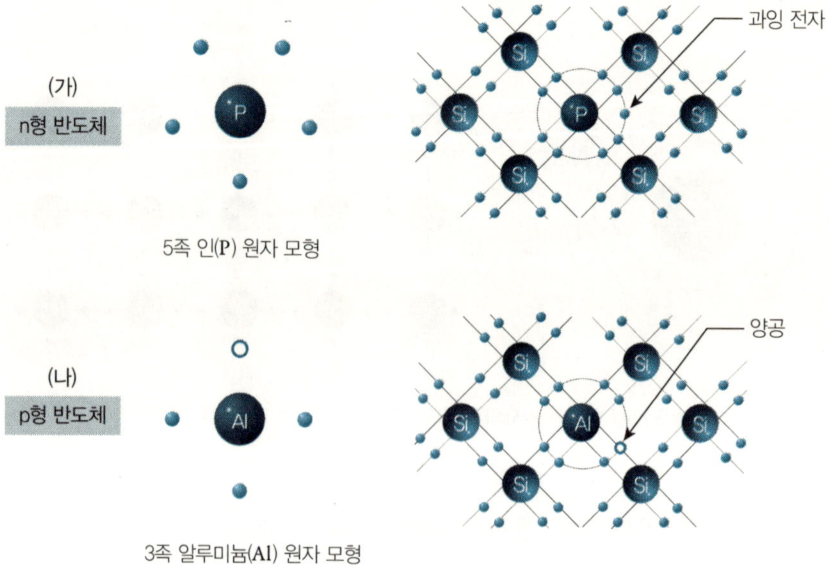

그림 5-16 (가) n형 반도체와 (나) p형 반도체

양공 자리, 즉 전자가 부족한 자리에 주위의 전자가 이동하여 결정의 결합을 돕는다. 즉 알루미늄 원자는 이웃에 있는 규소 원자로부터 전자를 쉽게 받아들일 수 있으므로 **받개**라고 한다. 이러한 반도체를 **p형 반도체**라고 한다. 그리고 오른쪽 규소 원자로부터 전자를 보충 받으면 마침 양공이 오른쪽으로 이동하는 것처럼 보인다. 이와 같이 규소 원자들 사이의 결합을 이루게 하는 전자들은 규소 원자가 실제는 한 원자에 4개이지만 주위의 원자로부터 공유한 전자와 합쳐 모두 8개의 전자로 구성된다.

이것이 앞에서 이야기한 금속과 절연체의 띠 구조와 다른 개념이다. 만약에 전자 하나가 공유 결합에서 벗어나서 격자 사이를 자유롭게 떠돌아다닐 수 있게 되면 그 전자는 가전자의 띠에서 전도띠로 올라간 상태이다. 이러한 일이 일어날 수 있는 최소 에너지를 에너지 간격(E_{gap})이라고 부른다.

그림 5-16과 같은 p형 반도체와 n형 반도체를 접합하면 그림 5-17과 같은 pn 접합체가 만들어진다. 접합면에서는 전하 운반자, 주개와 받개의 움직임에 의해 복잡한 영역이 만들어지겠지만 여기에서는 그러한 복잡한 접합 문제는 생략하기로 한다. 여기에서 p형이라고 명명한 것은 전자 하나가 부족한 상태이므로 양(+)의 극성을 가진다는 의미이며, p형을 전원의 (+)극에 연결하고 n형을 (-)극에 연결하면 전압의 증가와 함께 회로에 흐르는 전류가 급격히 증가한다. 그것과 반대로 p형을 (-)전극, n형을 (+)전극에 연결하면 그림 5-17과 같이 회로에 전류가 흐르지 않는다. 그래서 앞의 경우를 순방향 바이어스라고 하고, 뒤의 연결 방법을 역방향 바이어스라고 한다. 그러므로 pn 접합체는 전

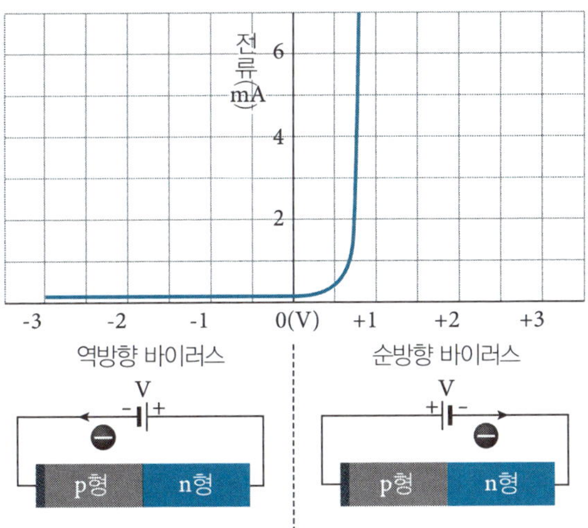

그림 5-17 pn 접합의 전류-전압 곡선

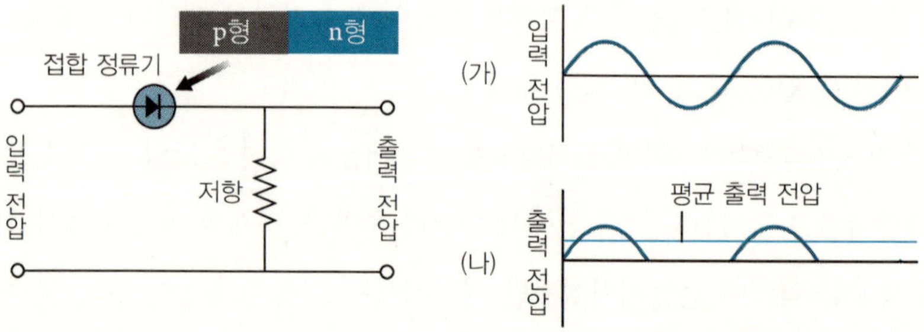

| 그림 5-18 | 접합 정류기의 출력 전압 모형

류를 한쪽 방향으로만 흐르게 하고 반대쪽으로는 흐르지 못하게 한다. 이러한 현상을 pn 접합의 **정류 작용**이라고 한다.

pn 접합은 모든 반도체 소자의 핵심을 이루고 있다. 이 정류 작용은 그림 5-18의 왼쪽 그림에서 접합 정류기의 역할로 그림 5-18(가)와 같은 평균 입력 전압은 0이지만 이러한 교류 파형이 회로에 들어오면 0보다 큰 파형 부분만 통과시켜 그림 5-18(나)와 같은 출력 전압으로 바꾸는 일을 한다. 이때 평균 출력 전압은 양수 값을 갖는다. 이러한 현상은 앞에서 이야기한 정류 작용 때문에 일어난다. 이 원리를 이용하여 발광 다이오드를 만들 수 있으며, 조금 더 접합을 확장하여 반도체 소자의 **전기장 효과 트랜지스터**(FET: Field effect Transistor), npn 또는 pnp 접합체를 만들 수 있다.

2004년에 영국의 가임(A. Geim)과 노보셀로프(K. Novoselov) 연구팀이 상온에서 투명테이프를 이용하여 흑연에서 그래핀을 떼어내는 데 성공하였으며, 그 공로로 2010년에 노벨 물리학상을 받았다. 그래핀을 이루고 있는 탄소(6번 C) 원자와 규소(14번 Si)는 모두 +4가 이온을 갖는다. 이온 상태에서 최외각 전자를

표 5-1 각종 반도체 물질이 결합할 때 최외각 전자

반도체	전자 궤도	반도체	전자 궤도
Si	14Si^{4+}: $2s^2 2p^6$	Ge	32Ge^{4+}: $3s^2 3s^2 3p^6$
GaN	31Ga^{3+}: $3s^2 3p^6 3d^{10}$ 7N^{3-}: $2s^2 2p^6$	ZnO	30Zn^{2+}: $3s^2 3p^6 3d^{10}$ 8O^{2-}: $2s^2 2p^6$
GaP	31Ga^{3+}: $3s^2 3p^6 3d^{10}$ 15P^{3-}: $3s^2 3p^6$	InSb	49In^{3+}: $4s^2 4p^6 4d^{10}$ 51Sb^{3-}: $5s^2 5p^6$
GaAs	31Ga^{3+}: $3s^2 3p^6 3d^{10}$ 33As^{3-}: $4s^2 4p^6$	C	6C^{4+}: $1s^2$

구성하고 있는 전자 궤도를 생각해 보자.

표 5-1에는 반도체 성질을 갖는 물질을 나타내었다. 일반적으로 일원자 분자와 이원자 분자로 구성된 반도체를 나타낸 것이다. 표에서 일원자 분자 반도체(Si^{4+}, Ge^{4+})은 양이온 최외각에 P^6 궤도의 전자를 가지고 있으며, 이원자 분자 반도체(GaN, GaP, ZnO, InSb, GaAs)에서는 양이온은 d^{10} 전자, 음이온은 P^6 궤도 전자로 구성되어 있다.

5. 강자성체와 응용

약 2000여 년 전부터 터키의 마그네시아(Magnesia) 지방에서는 어떤 특별한 돌(자철광)이 서로 끌어당기고, 또 쇠붙이를 끌어당긴다는 사실이 알려져 왔다. 그리고 자철광을 나무 조각 위에 올려놓고 물에 띄우면 어느 특정한 방향을 향한다는 사실을 알게 되었다. 이러한 사실로부터 나침반이 만들어졌으며 북극을 가리키는 자석의 끝부분을 자석의 N극이라고 한다. 이것은 북극 근처에 지구 자석의 S극이 있다는 이야기이다. 신기하게도 자석을 둘로 나누면 각 조각은 N극과 S극을 동시에 갖는 또 하나의 자석이 된다. 이러한 과정을 계속하여 원자의 크기로 나누어도 각각의 원자는 N극과 S극의 쌍을 동시에 가지는 자석으로 작용하여 단일극(monopole)을 만들 수는 없었다.

이것은 오랫동안 물리학 분야의 관심 문제였다. 그림 5-19(가)와 같이 종이 위에 쇳가루를 뿌려 놓고 종이 면에 수직한 도선에 전류를 흘렸더니 쇳가루의 링(시각화를 위해 조금 과장하여 그렸음)이 만들어졌다. 이런 현상은 직선도선에

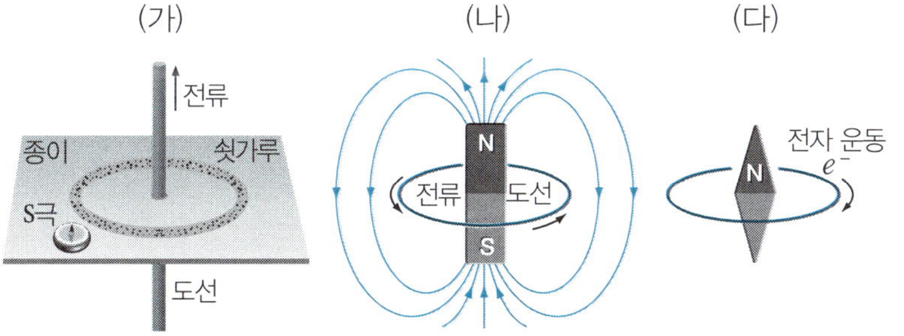

그림 5-19 (가) 직선 전류에 의한 쇳가루가 만든 링, (나) 전류 고리에 의한 막대자석과 같은 자기장, (다) 전자의 흐름에 의한 자기장

전류가 흐르면 자기력선이 뒤에서 앞으로 나오는 자기장을 형성하는 현상과 같다. 그림 5-19(나)와 같은 도선 고리에 전류를 흘리면 막대자석과 같은 자기장을 형성한다. 이러한 두 사실로부터 전류가 흐르면 자기장이 형성된다는 사실을 밝혀 냈으며, 전자가 운동하면 그 운동에 의해 자기장이 형성되는 것을 그림 5-19(다)에 나타내었다. 전류가 흐르는 곳에는 언제나 자석 N극과 S극이 존재하면서 자기장이 형성됨을 알 수 있다. 따라서 전기장과 자기장은 불가분의 관계가 있음을 제시하였다. 이러한 현상으로부터 맥스웰이 만든 방정식은 현대물리학이라는 새로운 물리의 장을 열게 되었다. 뉴턴 → 맥스웰 → 아인슈타인으로 이어지는 물리학자들의 연구 업적에 의해 물리 세상이 점점 넓어졌다는 것을 새삼 느끼게 된다.

우선 강자성체로 알려진 철(Fe[26]), 코발트(Co[27]), 니켈(Ni[28]) 원자들이 가지고 있는 전자들에 대하여 앞에서 공부한 전도띠(부분 채워진 띠)와 채워진 띠(원자가 띠)를 살펴보자. 이들 원자들은 각각 $3d^6 4s^2$, $3d^7 4s^2$, $3d^8 4s^2$로 외곽 전자 궤도를 이루고 있다. 이들 원자는 그림 5-10(라)와 같이 전도띠(부분 채워진 띠)에는 $3d$ 궤도에 6개, 7개, 8개의 전자가 각각 들어 있으나 **훈트 규칙**(전자들은 원자의 전체 스핀 값(s)이 최대가 되도록 궤도를 채운다)이나 결합 대상물질에 따라 전자의 배열은 조금씩 다르게 채워진다.

원자 번호 26번 철 원자의 전자 궤도를 그림 5-20(가)에 나타내었다. 철 원자가 가지고 있는 전자 중에서 $1s^2$에서부터 $3p^6$까지 18개의 전자가 채워져 있으며, 이와 같은 원자의 전자 상태는 앞에서 이야기한 아르곤 원자의 전자 배치도와 같다. 그림 5-20(가)에서 아르곤 원자의 전자 배열 상태를 회색으로 나타내었다. 이것은 26개의 전자 중에서 18개는 안쪽에 아르곤 원자가 갖는 전자와 같이 배치되어 있으며 나머지 8개의 전자는 $3d^6$과 $4s^2$ 껍질에 배열

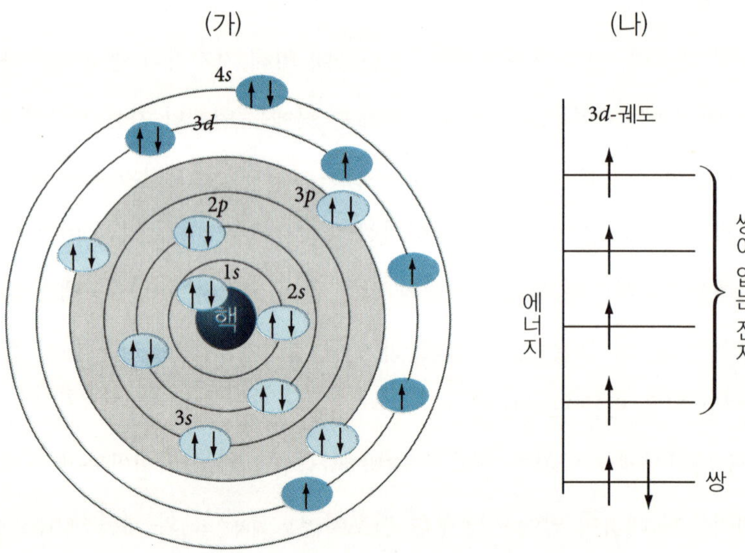

그림 5-20 철 원자의 전자 궤도와 $3d$ 궤도의 전자 분포

된다. 일반적으로 *d* 궤도의 전자는 그림 5-20(나)와 같이 배열된다. 그래서 *d* 궤도에 있는 6개의 전자 중에서 2개는 쌍을 이루지만 나머지 4개는 같은 방향(↑)의 스핀을 가지면서 전자쌍을 이루지 못하고 있다. 그리고 똑같은 방법으로 생각하면 코발트는 3개의 전자, 니켈은 2개의 전자가 쌍을 이루지 못하면서 철과 같이 원자 자체가 강한 자석이 된다.

이들은 원자핵을 중심으로 공전 운동과 전자 자신의 자전 운동을 한다. 전자가 운동을 한다는 것은 전자의 운동 방향과 반대 방향으로 전류가 흐르는 것을 뜻하므로 그곳에는 그림 5-19(나, 다)와 같이 자기 쌍극자 모멘트가 만들어질 것이다. 전자가 운동하는 곳에는 반드시 자기장이 만들어져 N-S쌍이 존재하므로 단일 극을 갖는 자석은 발견하지 못할 것이다. 앞에서도 언급하였지만 전자기장에 관한 연구 업적으로 **맥스웰 방정식**을 빼놓을 수 없다.

철과 같이 강자성을 갖는 페라이트는 900℃ 이하에서 안정한 체심입방결정으로 철에 합금원소 또는 불순물이 녹아서 된 고용체이다. 불순물로 녹아 있는 원소의 이름을 붙여 실리콘 페라이트 또는 규소철이라고도 한다. 페라이트는 연자성(soft ferrite) 재료와 경자성(hard ferrite) 재료로 구분하기도 한다. 20세기 초반에는 이른바 자성 재료의 도야(陶冶) 시대라고 한다. 이 말은 흙을 구워 건조시킨 도기(陶器) 제조와 광석으로부터 금속을 추출하는 야금(冶金)에서 유래한 것으로 인격과 정신을 수양하는 의미를 내포하고 있다. 그것만큼 도기 제조와 야금이 어려웠다는 뜻도 있을 것이다.

19세기 중반에 변압기, 모터, 발전기 등의 교류자계 변화에 빠르게 반응하는 철심코어가 필요하였다. 그 당시 개발된 연성 자성 재료는 전기저항이 작아서 고주파를 가하면 발열하기 때문에 에너지 손실이 많았다. 그래서 새로 개발한 고주파용 자성 재료로 페라이트가 개발되었다. 이러한 연구결과는 무선기술의 발전을 뒷받침하였다. 페라이트는 기록매체(오디오 및 VTR 테이프, 자기카드), 컴퓨터(메모리, 하드디스크), 자기헤드(음악 및 영상용), 통신기기(letter), 민생기기(코일, 트랜스, 안테나), 산업기기(자기진동자), EMC(electric magnetic core) 전자파 차폐, 소멸, 흡수 기능(자기실드, 전자파 흡수, 스텔스 비행기), DC 모터, 마그네트 등에 활용되고 있다. 페라이트를 응용하는 수많은 기능 중에서 우리가 매일 주식으로 먹는 밥을 짓는 전기밥솥의 작동 원리를 그림 5-21에 나타내었다.

전기밥솥은 페라이트와 영구자석이 그림 속의 A의 봉에 고정되어 있으며 밥을 짓기 위해 그림 5-21(가)에서 A를 누르면 봉 A와 B가 연결되어 금속 열판에 전류가 흘러 밥솥의 온도가 200°C(밥솥의 중앙 부분 온도는 100°C)에 도달하도록 한다. 밥솥 밑의 열판과 영구자석 사이에 놓인 페라이트는 온도가 상승하

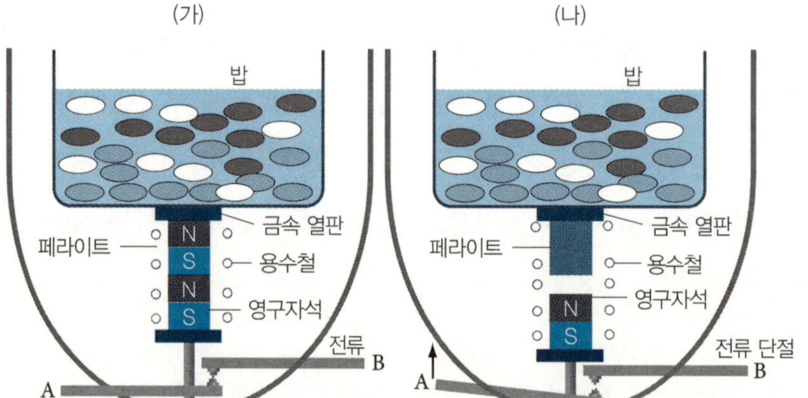

그림 5-21 전기밥솥의 작동 원리

면 자성을 잃게 된다. 이 온도를 페라이트의 큐리(Curie) 온도(온도가 높아짐에 따라 강자성을 띄는 강자성체가 상자성체로 바뀌는 온도)라고 한다. 큐리 온도보다 낮은 온도에서는 강자성을 띄어 N과 S극으로 영구자석을 당기고 있지만 큐리 온도보다 높아지면 자성을 잃게 된다. 페라이트가 자성을 잃으면 밑에 붙어 있는 영구자석을 끌어당길 수 없으며 그림 5-21(나)에서와 같이 용수철의 힘에 의해 밥솥의 전원이 단락된다. 우리가 밥을 짓는 원리는 간단한 페라이트의 자기적 성질을 이용하지만, 실제로 맛있는 밥을 만드는 일은 밥솥의 보온 능력, 어떤 종류의 페라이트를 사용하여 몇 도에서 전원을 단락할 것인지 등 많은 물리적 원리를 규명하여야 한다.

6. 강유전체와 전기용량

$BaTiO_3$ 분자는 바륨(Ba), 타이타늄(Ti), 산소(O)로 구성되어 있으며 각 원자의 전자 궤도를 그림 5-22에 나타내었다. 56번 Ba 원자는 $5p^6 6s^2$까지 최외각 전자 궤도를 완전히 채운 띠를 갖는다. 그리고 그림 5-22(나)의 Ti 원자와 그림 5-22(다)의 산소 원자는 각각 $4s^2 3d^2 2p^4$까지 채워지면서 부분 채워진 띠를 가진다. 이들이 결합되어 $BaTiO_3$ 분자가 되면 그림 5-22(라)와 같이 전도띠는 전자가 하나도 없는 채워진 띠를 갖는다.

앞에서 이러한 전자 구조를 갖는 물질을 절연체라고 했다. 절연체는 외부로부터 전기장을 받으면 채워져 있는 띠의 전자가 비어 있는 띠로 뛰어오를 수 있다. 그러나 실제로 절연체에서는 수 kV~수십 kV의 전압(전기장(E)=전압(V)/시료두께(m)의 관계)을 가해야 전자가 비워 있는 띠로 올라가서 전도 전자가 된다. 저항을 측정할 수는 있지만 높은 전압을 가해야 하므로 시료가 파괴될 수도 있다. 일반적으로 물질의 저항 값은 물질의 두께나 넓이에 따라 다르게

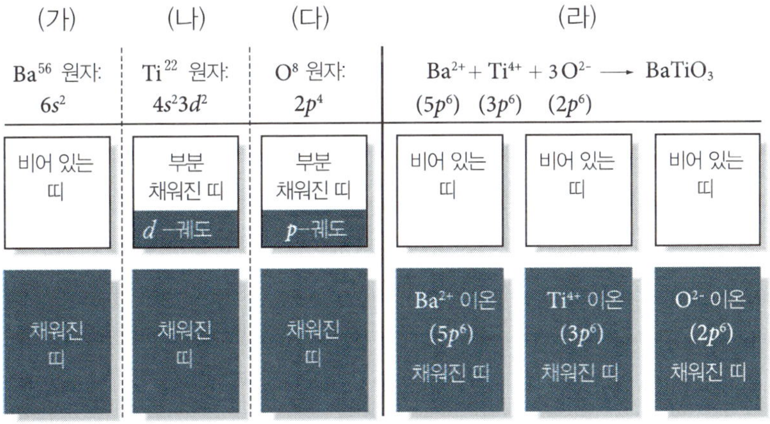

그림 5-22 Ba, Ti, O 원자와 이들의 결합에 의한 $BaTiO_3$ 분자에서 전자띠

나타나므로 고유한 물질의 성질을 나타내는 데에는 **비저항**($\rho = \frac{E}{J}$, E; 전기장(전압/두께), J; 전류밀도(전류/면적))이라는 용어를 사용하면서 물질 간의 성질을 상호 비교한다. 보통 절연체(유리, 용융수정)의 비저항은 $10^{10} \sim 10^{16}$($\Omega \cdot m$)정도이다.

절연체는 전기저항이 아주 커서 전류가 잘 흐르지 않는 물질이다. 이러한 물질 중에서 외부로부터 전기장($E=F/q$에서 F; 힘, q; 전하량)을 가하였을 때 물질을 구성하는 원자와 전자가 힘을 받아 위치가 변하는데 이 변위에 의해 물질 내부에서 쌍극자가 발생하는 물질을 **유전체**라고 한다. 그리고 외부로부터 아무런 전기장을 가하지 않아도 시료 내부에 쌍극자가 자연 발생적으로 만들어져 있는 물질도 있다. 이러한 물질을 **강유전체**라고 한다.

$BaTiO_3$은 강유전체이며 외부의 아무런 전기장이 없는 상태에서 쌍극자를 갖는 물질이다. 그림 5-23(가)와 같이 물질의 기하학적 중심(그림 속의 점)으로부터 Δ(0.12Å)만큼 위쪽으로 B(또는 Ti) 원자가 변위하고 있다. 이 변위에 의해 '+'

이온(Ba^{2+}와 Ti^{4+})에 의한 '+' 전하 중심과 '-' 이온(O^{2-})에 의한 '-' 전하 중심이 3차원 결정 구조에서 일치하지 않으므로 전기장의 합이 영(0)이 되지 않는다. 이러한 것이 쌍극자(전기 쌍극자 모멘트)이다.

그림 5-23(나)는 이 물질의 외부에서 전기장(+극)을 위에서 아래쪽으로 가했을 때 B(Ti^{4+}) 이온이 밀려 아래쪽으로 변위한 그림이며, 그림 5-23(다)는 아래쪽에서 위쪽으로 전기장을 가했을 때 B 이온이 위쪽으로 밀려 변위한 그림이다. 물질이 외부 전기장을 받았을 때 B 이온만 이동한 것으로 나타냈지만, 실제는 전기장에 의해 '+' 이온 원자는 모두 밀려서 멀어질 것이며 '-' 이온 원자는 가까워질 것이다. 여기에서는 Ti^{4+} 원자 반지름이 가장 작으면서 Ba^{2+}이온보다 가볍기 때문에 그림에서 B(Ti^{4+}) 이온의 이동으로 표시하였다.

이와 같은 어려운 물리를 공부하는 이유는 전기 용량을 공부하기 위해서이다. 국가가 댐을 설치하여 물을 가두어 두었다가 필요할 때 생활용수나 수력발전에 공급하는 것과 같이 전기회로에서도 전하를 가두어 두었다가 필요할 때 전하를 회로망에 흘려 필요한 정보를 얻을 수 있다. 그러므로 어렵더라

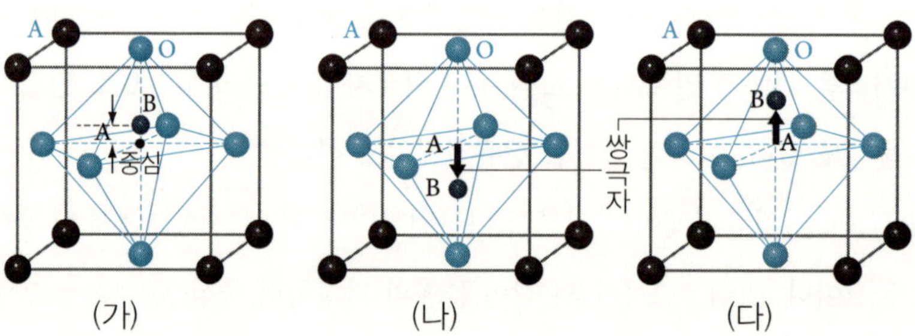

그림 5-23 $BaTiO_3$ 분자에서 Ti 이온의 변위 모형

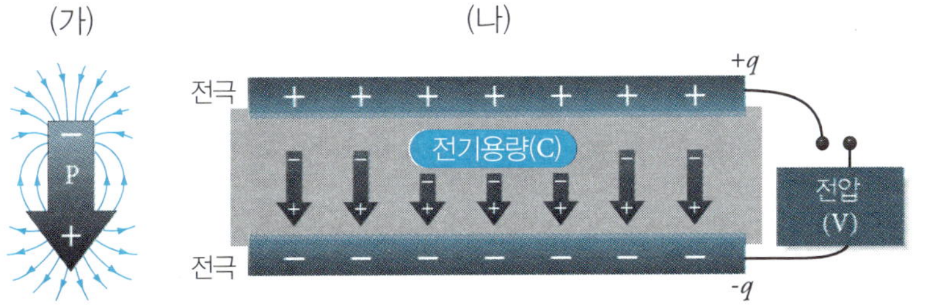

그림 5-24 (가) 쌍극자, (나) 축전기의 전기용량

도 조금 천천히 읽으면서 내용을 이해하는 것을 권장한다.

그림 5-24(가)는 하나의 쌍극자 모형이다. 쌍극자를 그림으로 나타낼 때 머리 부분은 '+' 전하, 꼬리 부분은 '-' 전하로 약속하였다. 그래서 점전하로 생각하면 머리 부분에서 전기력선이 나와 꼬리 부분으로 들어간다. 그림 5-24(나)는 단위부피에 하나의 쌍극자 모멘트(p)가 만들어지는 그림이다. 그래서 그림을 조금 더 확장하여 그림 5-24(나)를 N개의 단위부피로 만들어진 물질(단결정)이라고 가정하면 쌍극자의 합은 N×p로 주어지며 이 물질의 분극(P; polarization)은 P=Np로 표현한다. 그림 5-24(나)는 시료 표면에 모양과 크기가 같은 전극을 부착한 평행판 축전기이다. 시료 내부에는 쌍극자 모멘트가 정렬되어 있는 것을 보이고 있으며 쌍극자에 의해 위 전극은 '$+q$', 아래 전극은 '$-q$'의 전하를 띄게 되지만, 축전기의 전하는 극판 전하의 절댓값인 q로 표시한다. 그러나 이 q는 축전기에 쌓여 있는 알짜 전하가 아니며 알짜 전하는 0임을 유의해야 한다.

축전기의 전하 q와 전위차 V는 서로 비례하며 $q = CV$로 표시된다. 여기에서 비례상수 C를 축전기의 **전기용량**이라고 한다. 그리고 전기용량이 크면 클수록, 또 전위차가 클수록 더 많은 전기량(q)이 축전기에 쌓이게 된다. 앞에서 저수지나 댐을 만들어 국가 차원에서 물을 관리한다고 하였다. 물을 저장하는 방법으로 물그릇이 크면, 즉 넓은 면적에 댐의 둑이 높으면 많은 물을 저장하는 것과 같이 전기용량이 큰 물질을 이용하여 축전기를 만들면 저장할 수 있는 전기량이 많아질 수 있다. 전하를 저장하는 방법으로 분극이 큰 물질을 이용하여 축전기를 만들면 축전기의 표면에 많은 전하가 대전되므로 축전기가 저장하는 전기량이 많아진다. 이 점이 댐에 물을 저장하는 것과 축전기에 전하량을 저장하는 방법의 차이이다.

질문 강유전체 시료가 분극에 의해 시료 표면에 많은 전하가 짝을 이루고 대전되어 있다는 것을 어떻게 알 수 있는가?

그림 5-25(가)에 나타낸 시료에 열을 가하면서 시료에 흐르는 전류를 측정해 보면 어느 특정 온도(퀴리 온도, 쌍극자가 없어지는 온도)에서 전류가 그림 5-25(가)와 같이 급격하게 증가할 것이다. 이러한 현상은 시료의 분극을 이루고 있는 쌍극자들이 특정 온도에 도달하면 소멸되면서 표면에 대전되어 있던 전하의 이동에 의해 발생하는 전류 때문이다. 이러한 물질을 열전체라고 부르며, 열전체에 열을 가하면 전류가 발생하는 현상을 **열전효과**(Pyro-effect)라고 한다. 이러한 특성을 적외선 센서, 도난방지기, 개폐기, 스위치 등의 개발에 응용하고 있다. 그림 5-25(나)는 오래전부터 사용해 오던 여러 종류의 축전기를 나타내었다. 최근에는 전자, 전기 기구들이 소형화됨에 따라 축전기도 더욱 소

(가)

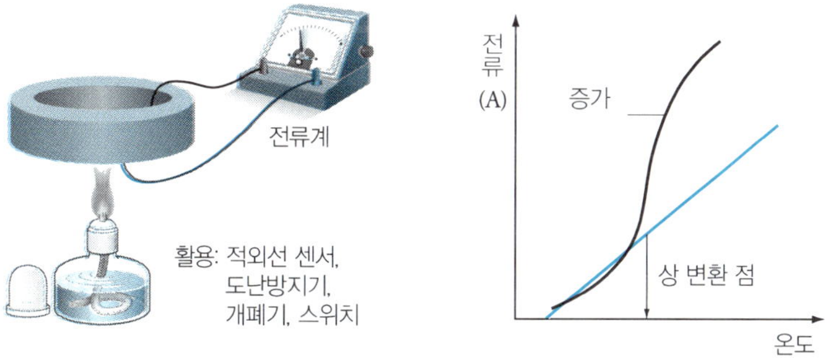

(나)

그림 5-25 (가) 열전체의 온도 변화에 따른 시료의 전류, (나) 축전기의 종류

형화되어야 하므로 파인세라믹스나 박막으로 축전기를 만드는 경우가 많다.

끝으로 그림 5-23에서 B 원자의 이동으로 쌍극자의 방향이 바뀌게 되며, 이 방향에 따라 그림 5-23(나)의 경우를 "0", 그림 5-23(다)의 경우를 "1"로 기억시키는 방법으로 정보를 "저장"또는 "읽기" 등으로 작동되게 한다. 이러한 메모리 소자를 비휘발성(전원을 끄면 정보가 사라지지 않고 그대로 남아 있음) 메모리 소자 또는 강유전체 기억 소자(FRAM: Ferroelectric Random Acess Memory)라고 한다. 이러한 메모리 소자에 대한 이야기는 6장(그림 6-19)에서 조금 더 자세히 알아보도록 하자.

7. 초전도체와 응용

앞에서 도체에 전기장을 가하면 자유 전자가 힘을 받아 운동하므로 전류가 흐른다고 하였다. 이때 전자가 결정 내의 불순물이나 결정의 결함 또는 원자의 열적 진동에 의해 충돌이 생겨 전자의 흐름에 방해가 되어 저항으로 나타난다. 금속의 경우에는 온도가 낮아지면 원자의 열적 움직임이 줄어들어 점차적으로 금속의 전기저항은 작아지지만 영(0)에 근접한다.

1911년 네덜란드의 온네스(K. Onnes)가 수은 금속의 온도를 4.2K 이하로 낮추어 저항이 0인 초전도체를 처음으로 발견하였다. 그 후 많은 연구자들의 노력으로 합금 Nb_3Sn, V_3Ga, Nb_3Ti 등에서 초전도성을 발견하게 되었다. 1986년 초까지는 Nb_3Ge 물질이 23K에서 초전도성을 나타냈으며, 이 물질이 그 당시에 가장 높은 온도에서의 초전도체였다. 그러나 그해 연말에 스위스 IBM에 근무하는 베드노르츠(J.G. Bednorz)와 뮐레(K.A. Muller) 박사가 금속 산화물인 란타넘(La)-바륨(Ba)-구리(Cu)-산소(O)계에서 30K를 넘는 초전도체를 발견하여 이듬해인 1987년에 노벨 물리학상을 수상하였다. 그리고 그 이듬해에 Y-Ba-Cu-O 산화물에서 90K, Hg-Ba-Ca-Cu-O계에서 130K 이상의 온도에서 초전도성을 보였으며 이 시료에 압력을 가하여 160K 근처까지 초전도성이 나타났다. La-Ba-Cu-O계에서는 이온 결합성이 강하므로 화학 결합 전의 원자 상태와 결합 후의 분자 상태의 전자 궤도를 비교해 보고자 한다.

그림 5-26은 La-Ba-Cu-O계($La_{2-x}Ba_xCuO_4$)의 전자 궤도를 나타낸 것으로 각 원자의 전자 궤도와 이들 원자들이 결합하여 초전도체가 되었을 때 분자 상태의 전자 궤도를 나타내었다. La^{3+} 자리에 Ba^{2+}(또는 Sr^{2+})를 불순물로 치환하면 분자의 전체적인 음이온과 양이온의 균형을 맞추기 위해 Cu^{2+}가 Cu^{3+}로 이온가가 바뀌면서 P(주개)형 초전도체가 된다. 그래서 Ba^{2+} 이온을 불순물로 치환

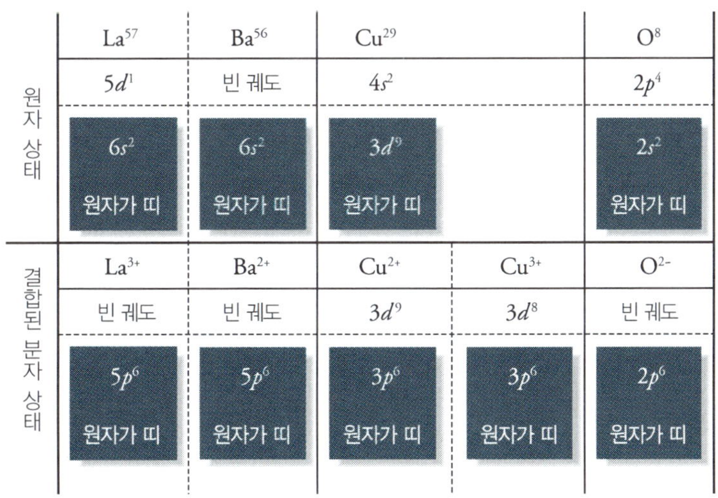

그림 5-26 La-Ba-Cu-O 초전도체의 전자 궤도

한 비율만큼 Cu^{2+} 자리에 Cu^{3+}가 위치하게 된다(전이 금속의 특성). 그림 5-26에서 결합된 분자 상태 $La_{2-x}Ba_xCuO_4$에서 La^{3+}, Ba^{2+}, O^{2-} 이온의 전도띠에는 전자가 비어 있지만, 구리 이온의 전도띠에는 Cu^{2+}의 d 궤도에는 전자가 9개, Cu^{3+}에는 8개가 채워져 있다. 그렇다면 초전도체와 관련된 원자는 구리 이온으로 d 궤도 전자의 역할이 주요한 요인이 됨을 추측할 수 있다. 앞에서 이야기했듯이 금속은 온도가 낮아지면 원자의 열적 진동이 적어지므로 전자의 충돌이 적어져 전자의 이동이 용이하지만 전기저항이 0이 되진 않는다. 그렇다면 어떤 힘(또는 전기장)이 전도전자에 작용하여 전자가 충돌 없이 움직이면서 저항이 0이 되어 초전도체가 만들어지는지 알아보자.

그림 5-27(가)에서 La-산소가 만드는 평면과 아래층에 Cu-산소가 만드는 층이 세로축으로 반복하고 있어 층상구조를 이루고 있다. 그림 5-27(나)에는 Cu-산소가 만드는 층을 나타내고 있다. 그림 5-27(나)와 같은 $Cu^{2+}-O_6$ 팔면체가 z축 방향으로 신축 운동(Jahn Teller 효과; 산소 원자가 Cu를 중심으로 멀어졌다가 가까워

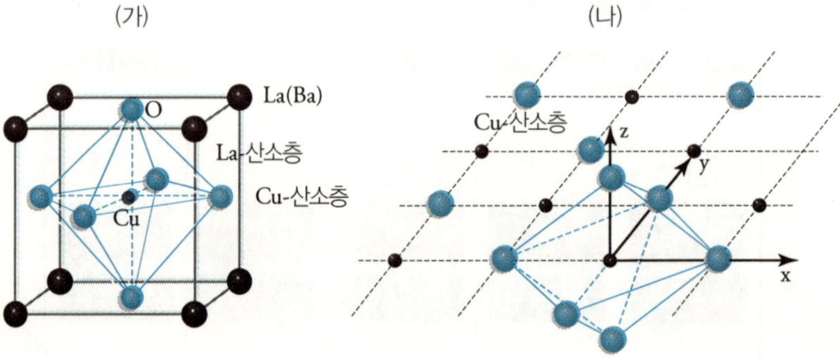

그림 5-27 $Cu-O_6$ 8면체와 Cu-산소가 만드는 x-y 평면

지는 운동)을 하면서 La–산소 층에 있는 전자를 이동시키게 된다. 이러한 전자들이 가지는 에너지 형태가 결정 속을 전파하는 하나의 유사입자가 갖는 파동의 형태를 갖는다. 이때 $La_{2-x}Ba_xCuO_4$ 결정에 Ba를 불순물로 첨가한 양만큼 신축운동을 하지 않는 Cu^{3+} 원자가 시료 내부에 생성되어 유사입자의 파동에서 마디 역할을 하면서 초전도성을 유발하게 된다. 앞에서 이야기하였던 합금으로 만들어진 초전도체는 발견된 지 약 40여 년 후에 BCS 이론으로 초전도체의 원인을 밝혔다. 그러나 금속 산화물로 구성된 La–Ba–Cu–O계의 고온 초전도체의 원인은 아직도 명확하지 않다.

위에서 이야기한 실온 초전도체가 개발되었을 때 그 물질의 활용 범위와 산업에 미칠 영향을 생각해 보자. 우선 선재화가 이루어지면 전력 수송을 위한 전선으로 대체해야 한다. 현재 가정에서 사용하고 있는 전선은 구리 금속으로 만들어져 있으므로 수요자가 요망하는 ① 대용량 전력을 수송할 때 구리선을 굵게 하지 않으려면 고전압으로 승압시켜 송전해야 한다. 그렇게 되면

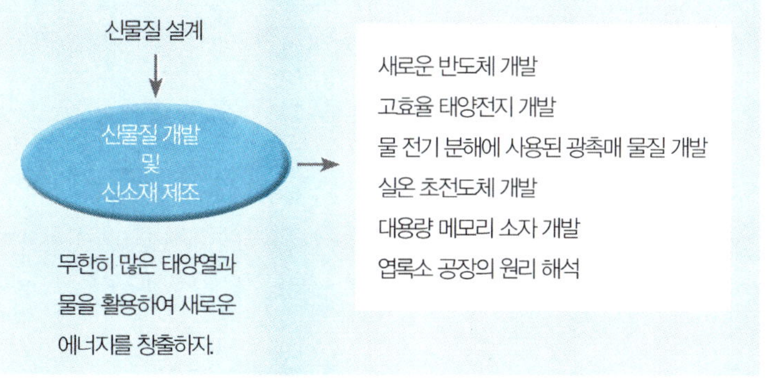

그림 5-28 인류에 유익한 신소재 개발

인체에 고압에 따른 영향을 부가적으로 미치게 된다(예, 밀양 고전압 송전 설비에 대한 사회문제). 따라서 저항이 없는 초전도 전선을 사용하면 고압 송전의 문제점까지 해결할 수 있다. 그리고 실온 초전도 자석을 만들면 ② 의료 진단용 자석으로 활용되어 MRI 장치에도 활용될 수 있다. 그 외에도 ③ 초전도 자석에 의한 비행장 건설, ④ 핵잠수함, ⑤ 초전도 양자 컴퓨터, ⑥ 전기 에너지 저장탱크, ⑦ 자기부상열차 등에 활용될 수 있다. 이와 같이 산업의 변화가 있으면 우리의 생활은 격변하게 될 것이다.

8. 어느 연구자의 이야기

필자는 2016년에 한국과학기술한림원(KAST)의 연중행사 중에서 고등학생을 대상으로 "석학과의 만남"이라는 프로그램에 참여하게 되었다. "다양한 특성을 갖는 물성물리(앞의 1절에서 6절까지)와 앞으로의 연구과제"라는 제목으로 고등학교 1, 2학년생을 대상으로 강연을 하였다. 한림원 회원이 된 것은 상당히 오래되었지만 지역 대학에 근무하므로 한림원 행사에 참여해 본 일은 거의 없었다. 특히 이러한 큰 행사에 참여하여 강연을 준비하게 되어서 걱정이 앞섰다. 고등학생들에게 왜 대학에 진학하고 석·박사 과정을 밟아야 하는지, 그리고 학생들에게 무엇을 연구하는 것이 국가나 본인에게 희망이 있는 분야라고 예측해 주는 일은 쉽지 않다. 이것저것 생각하면서 강연의 시작 부분에서 학생들에게 어떻게 동기 유발을 시켜야 할지 걱정이 되었다.

그때 마침 일간지 특별 기사를 접하게 되었다. 조선일보 토일(土日)섹션(2016년 10월 1일자, 인용)에 "아시아에서 온 '작은 놈' 독일 의학계 '왕'이 되다."라는 기사를 읽게 되었다. 기사의 주인공은 독일 본 의과대학 종신교수인 이종수 교수였다. 이종수 교수의 인생 경력이 필자와 닮은 점이 너무나 많아 연대별로 표를 만들어 보기도 하였다. 지금부터 70~80년 전 우리나라에는 형제가 많으면 다복(多福)하다고들 하였다. 이 교수는 6남매 중에서 장남으로 태어났으며 농촌(전남, 영암)에서 중학교까지 마치고 대전 사범학교에 진학하였다.

그 당시 가정형편이 어렵고 머리가 아주 뛰어난 학생들은 사범학교를 졸업하고 초등학교 교사를 하면서 부모님을 봉양하고 동생들을 공부시키는 경우가 많았다. 그러나 이종수 교수는 그것에 만족하지 않고 수학을 독학하면서 대학과정을 마쳐 중등학교 수학교사 자격증을 취득하였다. 이후 광주에서 고등학교 교사를 하면서 부모님의 뜻을 받들어 1947년에 광주의대를 수석으로 합격하였다. 그리고 1956년에 독일 DAAD 장학재단의 장학생으로 선발되어

그림 5-29 소나무처럼 강인한 이종수 교수님의 정신력

1959년에 뒤셀도르프 대학에서 의학을 공부하였다. 이어 1969년에 유럽에서 최초로 인간의 간 이식수술에 성공한 업적으로 1975년에 독일 본 의과대학 종신교수가 되었다.

이종수 교수의 인생은 마치 한 편의 영화와 같다. 그 분이 사범학교를 졸업하고 독일의 본 대학교 의과대학 종신교수가 되기까지 단계 단계마다 극복해야 할 일들은 분명히 쉽지 않았을 것이다. 그림 5-29와 같이 바위 위에서 생명을 유지하는 소나무나 바위를 깬 소나무의 생명력처럼 이종수 교수의 강인한 정신력과 인내심으로 고통을 극복하지 않고는 독일에서 종신교수의 칭호를 받을 수 없었을 것이다. 특히 병리학을 공부할 때 급성간염에 걸려 45 kg까지 몸무게가 줄면서까지 공부하여 독일 의사 시험에 합격한 그 노력을 감히 상상할 수 있겠는가?

이종수 교수의 경력에 비하면 필자는 훨씬 편하게 공부했던 것 같다. 그러나 농촌(경남, 남해)에서 장남으로 태어나 경북대학교 사범대학을 졸업하고 중등학교 교사, 또 일본 국비 장학생에 선발되어 홀로 도쿄 대학에서 박사과정 유학, 간염과 당뇨 등으로 고통을 받았지만 전 과정이 아주 닮았기 때문에 이러한 인생 이야기를 '석학과의 만남'에서 고등학생에게 이야기하기로 하였다. 그 이유는 요사이 젊은이들 간에 풍자되고 있는 금수저와 은수저보다 훨씬 값진 인생이라는 것을 보여주기 위함이었다.

이종수 교수는 어릴 때부터 노벨 물리학 수상자인 퀴리 부인과 같은 과학자가 되는 것이 꿈이었다. 특히 히로시마에 원자폭탄이 떨어져 해방의 기쁨을 맛보고 나서 물리학자가 되기로 마음을 먹었다고 한다. 독일 유학 초기에 부모님께 의사 공부를 접고 물리학을 공부하겠다는 내용의 편지를 보냈는데 한 달 후에 아버지로부터 물리학보다 의학공부를 계속하라는 편지를 받고 의학 공부를 계속하였다고 한다. 특히 항공료가 없어 아버지 장례식에도 참석하지 못한 이종수 교수는 장남으로서 그림 5-30과 같은 버스를 만들어 고향에 계시는 부인, 아이들, 그리고 동생들을 태웠다. 이후 독일로 생활 근거지를 옮기면서 매일 같이 가족 걱정을 하지 않을 수 없는 처지가 되었다. 그러나 의사시험을 준비하면서 수도원에서 공부할 때 "내가 있어야 가족이 있다"라는 각오로 투병하던 그 정신력으로 가족을 보살폈다.

그래서 필자는 이종수 교수와 같이 평생토록 자기 자신의 마음속의 버스를 운전할 사람은 오직 자신뿐이라는 것을 학생들에게 이야기해 주고 싶었다. 학생들도 자신의 마음의 버스를 만들어 운전하면서, 또 이종수 교수처럼 미래의 꿈을 하나하나 성취하면서 자신의 경력을 만들도록 권장하고 싶었다. 그리고 인생도 마치 농부들이 농사 짓는 일과 같이 적당한 시기에 씨앗을 뿌려야 결실을 얻을 수 있듯이, 공부하는 것도 적당한 시기를 놓치면 안된다고 학생들에게 꼭 이야기하고 싶었다.

그림 5-30 이종수 교수가 운전하는 인생 버스

이종수 교수는 마음속의 인생버스를 운전하면서 급료가 적은 의과대학 교수로 가는 길을 선택하였다. 길이라는 것은 교통수단으로서 사람이 걸어 다니는 길을 나타내기 때문에 사람이나 동물 또는 자동차 따위가 지나갈 수 있게 땅 위에 낸 일정한 너비의 공간, 물 위나 공중에서 일정하게 다니는 곳, 걷거나 탈 것을 타고 어느 곳으로 가는 노정(路程)으로 풀이하고 있다. 그리고 보이는 길만이 아니라 보이지 않는 마음의 길도 있다. 스스로를 찾지 못한 사람들이 절체절명의 기로에서 "칠흑 같은 어둠에서 벗어나 이제 나의 길을 찾게 해 달라"라고 기원하기도 하며, 6세기의 그리스 철학자 헤라클레이토스 또한 "내가 찾아 헤맨 것은 나 자신이었다"라고 술회하기도 하였다.

이렇듯 길은 여러 가지가 있는데 대체로 세 가지로 분류할 수 있다. 그 첫 번째는 교통수단으로서의 길이고, 두 번째는 방도(方道)를 나타내는 모두들의 직업 및 직장에 따라 각자가 하는 일을 뜻하는 길이다. 그리고 세 번째는 인간으로서 행위의 규범에 대한 길을 뜻한다. 올해 88세인 이종수 교수의 인생버스는 아직도 인생목표를 향하여 그러한 길 위에서 달리고 있다는 것을 이야기하고 싶었다.

마음속의 인생버스는 모든 사람이 소유할 수 있는 버스이다. 그래서 각자의 인생목표를 향해 인생버스를 운전하면서 다닐 수 있는 길은 ① 외로운 길, 그러나 많은 사람이 다녔던 길, ② 외롭지는 않지만 경쟁자가 많은 길, ③ 미래가 잘 안 보이는 길, 그러나 외롭지는 않은 길, ④ 외롭고 가시밭과 같은 길 또는 오솔길이다. 이러한 길은 누구나 자신의 인생 목표(직장)를 달성하기 위해 노력(운전)할 때 만날 수 있는 길이다. 이것에 반하여 먼 길을 걷는 사람들에게는 길이라는 것이 사람의 외부에 존재하는 객관적인 실체가 아니라, 마음을 비우기 위해 기존에 알던 모든 것을 벗어버리고 가볍게 걷도록 만드는 것이다. 그 길이 우리 인간에게 주는 명백한 교훈은 떠남이 운명이라는 것과 모든 것을 벗도록 만드는 것이다.

그러나 석학들이 달리는 마음의 버스길은 앞에서 이야기한 네 종류의 길 외에도 조용하고 외로운 길과 자기 자신의 마음을 가득 채우면서 만족할 수 있는 길이 더 있다. 그래서 많은 사람들이 자신이 행하는 연구에 희열을 느끼면서 만족하고 국가를 위하여 헌신하고 있는 것이다.

앞에서 본 바위를 깨고 자라는 소나무의 강인한 정신력으로 석학들의 버스가 달리던 그 길을 택하여 꾸준히 연구하면서 마음을 가득 채우고 싶은 욕망이 있을 것이다. 미래의 국가와 자신을 위해 그렇게 많은 세월을 살다 보면 자기도 모르게 자신의 인생 목표에 도달할 것이라고 확신한다. 그것이 진정으로 값진 노벨상을 받을 수 있는 길이다.

아파트에서 찍은 동양란과 호접란

6장

생활 속 물리 이야기

1. 가스레인지

가정주부는 아침에 일어나서 어떤 일부터 하는가? 가스레인지와 마이크로 오븐을 사용하여 아침 식사를 준비할 것이다. 이 장에서는 가정주부들의 하루 일과 속에 숨어 있는 물리 이야기를 살펴보도록 하겠다. 그러면 지금부터 가스레인지와 마이크로 오븐에 숨어 있는 물리를 한 번 생각해 보자.

가정용 가스레인지의 외형은 그림 6-1과 같다. 가스레인지는 가스가 분출되어 나오는 링 버너(ring burner)와 분출되는 가스를 점화할 수 있는 점화장치로 구성되어 있다. 링 버너는 분젠(bunsen)식 연소법을 이용한 버너로 사용하는 가스의 종류 및 단위 시간에 필요한 최대열량에 따라 노즐의 수와 크기가 결정된다. 밸브를 열면 노즐을 통하여 공기와 혼합된 가스가 분출되는데, 노즐에서 공기와 혼합된 가스가 분출되는 속도는 사용하는 가스의 종류에 따라 약간 차이가 나지만 대략 30～40(m/s)이다. 이때 가스에 혼합되는 공기를 1차 공기라고 하며, 벤츄리 관(Venturi pipe)의 원리에 의하여 공기가 가스에 혼합된다.

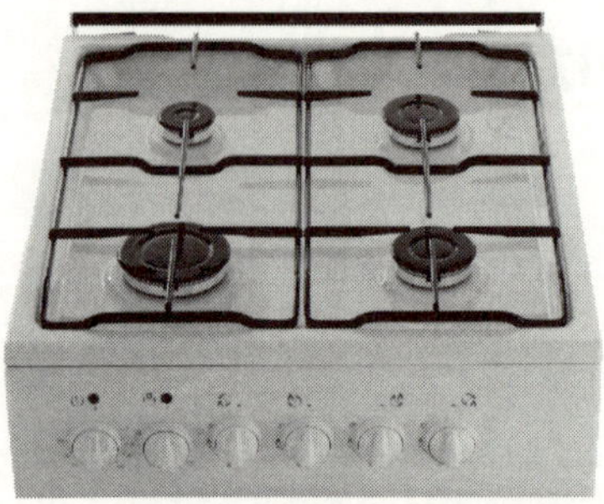

▮ 그림 6-1 ▮ 가정용 가스레인지

노즐에서 가스가 빠른 속도로 분출되면 노즐 주변은 대기압보다 압력이 낮아지게 되고, 따라서 베르누이(Bernoulli, 6장 4절 참조)의 정리에 따라 주위로부터 공기가 유입된다. 이때 유입되는 공기를 2차 공기라고 하며, 2차 공기에 의해 가스가 완전 연소된다. 가스와 공기의 혼합비율이 적당하면 푸른 불꽃이 나지만 공기의 양이 부족하면 약간 노란색의 불꽃이 되고, 공기가 많이 부족하면 그을음이 발생하게 된다. 또한 분출되는 가스의 압력이 낮을 경우에는 불꽃의 높이가 낮고 에너지 밀도가 낮아 화력이 약하다. 이러한 경우는 전문 업체를 불러 공기 공급을 원활하게 해 주어야 한다.

초기에는 버너의 노즐에서 나오는 가스에 성냥불이나 전기 열로 직접 점화하였으나 오늘날에는 점화장치를 이용한다. 초기에는 압전식 점화장치를 이용하였으나 전자회로의 개발로 최근에는 전자식 점화장치가 이용된다. 압전식 점화장치는 야외용 버너와 같이 고체의 압전효과(piezoelectric effect, 5장 6절 참조)를 이용하는 것으로 손잡이를 돌리면 스프링에 의해 지지되어 있던 격발기가 압전기에 힘을 가하여 압전기 양단에 고전압이 발생하게 된다. 이때 발생된 전압에 의해 노즐 근방에 있는 두 전극 사이에 방전이 일어나면서 노즐에서 분출되는 가스를 점화한다.

새로 개량된 전자식 점화장치는 압전 세라믹스에 충격을 가하는 대신에 집적회로를 이용하여 고전압을 발생시킬 수 있는 전자회로가 내장되어 있다.

이 전자회로의 전원은 보통 1.5 V의 건전지를 사용한다. 만약에 불꽃이 만들어지지 않으면 이 전원을 새것으로 교체하여야 한다. 압전식 점화장치인 경우에는 손잡이를 돌릴 때 한 개의 펄스만 발생하지만 전자식 점화장치에서는 스위치가 켜져 있는 동안 연속적으로 펄스가 발생하기 때문에 가스레인지의 손잡이(스위치)를 돌릴 때 나는 소리를 들어 보면 쉽게 구별할 수 있다.

프로페인(C_3H_8)과 뷰테인(C_4H_{10})이 주성분인 액화석유가스(LPG)는 가정에서 취사, 난방용으로 주로 쓰인다. 이 밖에 자동차용 연료라든지, 휴대용 버너의 연료로도 유용하게 쓰이고 있다. 그러나 프로페인과 뷰테인의 끓는점은 각각 −42.1°C와 −0.5°C로 상온에서 기체 상태로 존재하기 때문에 저장과 운반이 불편하다. 두 물질 모두 액화시키면 부피가 크게 줄어들어 이러한 문제점을 해결할 수 있다. 프로페인과 뷰테인을 액화시키려면 끓는점 이하로 냉각시키거나 상온에서 일정 이상의 압력(프로페인: 약 8기압, 뷰테인: 약 2기압)을 가하면 된다. 500 l의 LPG 가스를 모두 액화시키면 약 2 l로 줄어든다.

LPG 용기 내에는 액체 상태의 프로페인이나 뷰테인과 그것이 증발된 기체가 평형 상태를 이루고 있다. 20°C에서 LPG 용기 내에 액화된 뷰테인이 담겨져 있다고 가정하면, 뷰테인의 증기압은 2기압이다. 용기 내의 압력이 대기압보다 높기 때문에 가스레인지를 켜면 뷰테인가스가 흘러나오고, 빠져나간 기체만큼 액체가 증발되어 일정한 증기압을 유지하게 된다. 이처럼 액체 상태의 뷰테인과 기체 상태의 뷰테인이 동적 평형을 이루기 때문에 용기 내부에 특별한 장치가 없더라도 가스가 지속적으로 공급될 수 있다. 모두 사용한 기체 연료통이라도 고압 상태인 경우가 있으므로 각별히 주의해야 한다.

2. 마이크로 오븐

마이크로 오븐(microwave oven)은 열전도 및 열복사 등을 이용한 종래의 외부 가열 방식의 조리 기구와는 달리 마그네트론이라는 발진관에서 1초 동안에 2.45 GHz의 극초단파(일명 고주파)를 발생시켜 음식을 따뜻하게 해주는 요리 기구이다. 미국의 레이더 제작 업체인 레이시온(Raytheon) 사에서 일하던 퍼시 스펜서(Percy LeBaron Spencer)가 1945년에 특허를 취득한 제품이다. 종종 전자레인지라는 용어를 사용하는데 이는 일본에서 사용되는 용어이다. 1940년 영국 버밍햄대학의 존 란달 경과 해리 부트 박사가 극초단파 에너지를 발생시키는 마그네트론(페라이트로 제작)을 발명하였다. 이 마그네트론은 원래 제2차 세계대전에 사용하였던 레이더 개발에 중요한 역할을 하였다. 레이더는 전자파를 발사한 후에 그 반사파를 측정하여 대상물체까지의 거리를 계산하는 장치인데 파장이 짧은 고주파를 사용할 경우 가까운 거리에서 정밀한 측정이 가능해진다.

마그네트론은 이런 극초단파(microwave, 전자기파의 좁은 의미)를 만들어 내는 장치로 레이더 성능 강화에 큰 기여를 하였다. 이 극초단파는 진동수 10^9 Hz(1GHz, 1Hz=1cycle/초)의 영역이다. 이것을 파장으로 바꾸면 전자파(일명 전자기파)의 속도(3×10^{10} cm/초)는 진동수(주파수) × 파장이므로 마그네트론이 방사하는 극초단파의 파장은 수십 cm~수 cm(3×10^{10} cm=10^9(cycle/초)×(파장)이다. 파장이 짧은 마이크로파는 식품 내부에 침투하여 식품이 함유하고 있는 물 분자의 쌍극자와 상호작용하여 열이 발생하므로 단시간에 깊은 부분까지 고르게 가열할 수 있다. 전자파에 의한 음식물의 가열 원리를 유전 가열(dielectric heating) 방식이라고 부른다.

다음의 그림 6-2에는 물(H_2O) 분자를 구성하고 있는 산소 원자 이온과 수소 원자 이온을 나타내었다. 그림에 수소와 산소 원자가 운동하는 방향(화살표, ↓)을 표시하였다. 물 분자는 2차원 구조를 하고 있으며 그림에서 물 분자를 구성하고 있는 2개의 수소와 1개의 산소 원자의 운동 방향은 그림 6-2와 같이 3가지 진동 모드(mode, $2A_1$과 B_1)뿐이다. 이러한 진동을 물 분자가 갖는 고유진동 모드라고 한다. 고유진동 모드를 계산하는 방법은 어려운 군론을 이용하지만, 여기에서는 간단하게 각 원자의 중심을 직각좌표계의 원점에 놓고 x, y, z 방

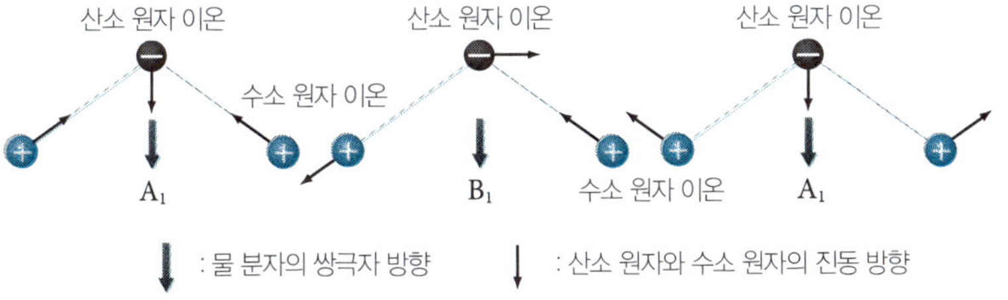

그림 6-2 물 분자의 쌍극자 방향과 고유진동 모드의 모형

향으로 운동하는 것을 여러 모형으로 조사하여 결정한다. 모든 진동 조합 중에서 물 분자의 회전운동 모드 3개와 병진운동 모드 3개는 고유진동 모드라고 부르지 않는다. 그러므로 그림 6-2와 같이 세 종류의 고유진동 모드뿐이다.

그리고 수소 원자 이온은 양전하를 띠며 산소 원자 이온은 음전하를 띠는 극성 분자이다. 양이온(+)을 갖는 수소 2개의 중앙점과 음이온(-2e)을 갖는 산소 이온이 만드는 전기장을 쌍극자(↓)라고 부른다. 음식물에 마이크로파를 쪼이면 음식물 속에 함유되어 있는 물 분자의 쌍극자 방향이 마이크로파의 전기장에 의해 매우 빠르게 회전하면서 전자기장을 따라 쌍극자가 정렬된다. 이때 물 분자의 쌍극자의 회전과 물 분자를 구성한 원자들의 진동에 의해 서로 밀고 당기거나 충돌하는데, 이러한 운동 에너지가 음식물의 온도를 높이게 된다. 여러 음식물을 대상으로 마이크로파를 쪼이면서 온도 상승을 연구한 자료에 의하면 물 분자가 에너지를 가장 잘 흡수하는 주파수는 9×10^9 Hz 영역으로 알려져 있다. 그러나 이 영역의 마이크로파를 음식에 쪼이면 표면의 물 분자가 에너지를 모두 흡수하여 음식물의 표면만 타게 된다. 그래서 마이크로 오븐의 마그네트론이 발생하는 주파수를 2.45×10^9 Hz 영역으로 낮추어 사용한다.

마이크로파의 주파수(진동수)는 음식물에 침투하는 깊이와 관련이 있다. 침투 깊이란 마이크로파가 음식물 표면으로부터 침투할 수 있는 깊이를 말한다. 마그네트론이 발생하는 마이크로파의 주파수가 증가하면 침투 깊이가 급격히 줄어든다. 그리고 마이크로파의 주파수가 낮으면, 즉 파장이 길면 음식물 내부 깊은 곳에 있는 물 분자와 작용하여 음식물 전체가 따뜻해진다. 이와 같은

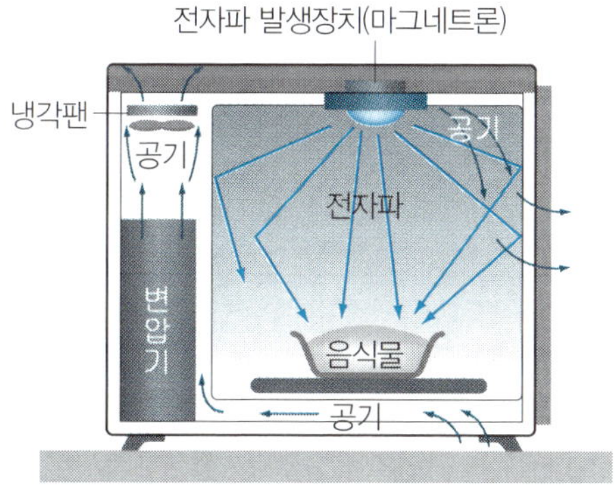

그림 6-3 마이크로 오븐

원리로 음식물을 따뜻하게 하므로 음식물의 영양분 손실은 전혀 없다고 볼 수 있다. 그러나 소비 전력이 크다. 가정용은 소비 전력이 약 2 kW이며 1.2 kW 정도는 고주파 출력에 소모된다.

마이크로 오븐은 다음과 같은 특징을 가지고 있으므로 주방에서 맛있고 영양분 높은 요리를 손쉽게 만들 수 있다. ① 가열 효율이 높고 가열 속도가 빠르다. ② 용기에 담은 채로 가열된다. ③ 오븐 내부는 열기를 방출하지 않기 때문에 늘 청결하다. ④ 살균 효과가 좋다. ⑤ 야채류에 있어서 신선한 색 및 형태를 그대로 유지하며 조리할 수 있다. ⑥ 해동에 편리하다. ⑦ 영양 파괴가 적고, 식품의 열 손상을 최소화한다. ⑧ 열 효율이 크다. ⑨ 장치가 간단하고 취급이 쉽다. 그림 6-3은 마이크로 오븐의 장치도이다.

마이크로 오븐에서 발생되는 마이크로파가 인체에 닿으면 해롭기 때문에 마이크로 오븐으로 데우거나 조리한 식품이 건강에 해롭지 않을까 하는 우려가 있을 것이다. 그러나 앞에서 설명한 대로 마이크로파로 가열하는 원리를 생각해 보면 크게 걱정할 것이 없다. 또한 마이크로 오븐은 엄격한 안전 규격에 따라 생산되기 때문에 오븐의 문을 꼭 닫고 제조회사가 제시한 사용 방법을 지키면 우리 몸에 마이크로파가 닿을 위험은 없다.

조리실(cooking cavity)은 음식을 조리하는 곳으로 지름 4 mm 이하의 타공으로 흡입과 배기 구멍이 있는 양철에 내식성 코팅이 된 금속 상자로 이루어져 있다. 이들은 전자기파 저감제를 첨가한 실리콘으로 고정하여 접지를 해놓아 전파가 다른 곳으로 방출하는 것을 막도록 설계되어 있다. 조리실에는 음식물을 올려놓는 회전접시가 있다. 조리실에 퍼진 전자파는 직진파와 반사파로 나뉘는데 여기서 전자기파가 강한 곳과 약한 곳이 생기게 되어 음식이 골고루 익지 않은 문제가 생기기 때문에 음식물을 회전시키면서 전자기파가 고르게 투과할 수 있도록 해준다. 윗부분에 돌아가는 팬도 음식물을 고루 익히게 돕는 역할을 한다.

마이크로 오븐으로 음식물을 조리할 때는 도자기나 유리 등 전자기파를 통과시킬 수 있는 전용 용기에 담아야 한다. 금속 용기는 전자기파를 반사하여 음식물을 전혀 가열시키지 못하며 조리실 내의 금속과 접촉에 의한 마찰 부위에서 전자기파의 간섭이 일어나 스파크나 화재가 발생할 수 있으므로 사용해선 안 된다.

전자레인지로 물을 데울 경우 물이 끓어도 기포가 발생하지 않아 끓지 않게 되는데 이를 과열(superheating, 過熱) 현상 또는 돌비 현상이라고 한다. 여기서 어떠한 물질이 자극되면 폭발적으로 기포가 발생하여 끓게 되므로 주의하여야 한다.

3. 가정용 조명

필자는 어렸을 때 책상 위에 석유 등불을 켜놓고 밤에 책을 읽었다. 식구들이 둘러앉아 저녁 식사를 할 때도 석유 등잔불로 방 안을 밝히고 식사를 했던 기억이 마치 얼마 전의 일처럼 생생하다. 그리고 특별한 날에는 더 밝은 촛불로 방 안을 밝혔다. 큰 도시를 제외하고 전기 공급이 없었기 때문이다. 나라의 사정이 조금씩 좋아짐에 따라 화력 및 수력 발전으로 전력 생산이 가능해지면서 시골에서도 백열전구를 사용하게 되었다.

전구는 밀폐된 진공 속에 융점이 높은 텅스텐 필라멘트가 전극에 연결되어 전류를 흘리면 열전자가 만들어져 빛을 방사하게 된다. 석유나 다른 동물의 기름을 이용하여 집 안을 밝히던 시절에 백열전구의 개발은 혁명적인 것이었다. 그러나 이후에 개발된 형광등은 백열전구에 비하여 수명도 길고 전기도 절약되며 눈이 부시지 않아 시력을 보호하는 차원에서 오늘날까지 많이 쓰이고 있다. 이것을 3세대 가정용 조명등이라고 부를 수 있을 것이다. 그림 6-4에

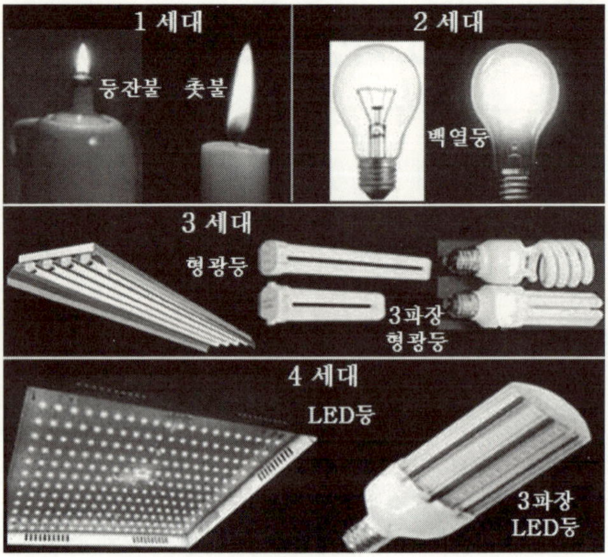

▮ 그림 6-4 ▮ 가정용 조명등의 변천 모습

는 가정용 조명등이 변천하고 있는 모습을 나타내고 있다.

형광등은 기체 속에서 방전에 의한 빛을 광원으로 이용한 것으로, 백열전구에 비하여 눈부심이 적고, 발광 효율이 높으며, 수명이 길어 많이 사용된다. 형광등은 방전 현상과 형광 작용을 이용하는 조명기구이다. 발광 원리는 진공 유리관에 소량의 수은 증기와 방전을 쉽게 하기 위한 아르곤 가스를 넣고 밀봉한 다음에 양끝에 전극을 붙인 것으로, 이 전극 사이에 전압을 걸면 방전이 일어나 빛을 발하게 된다. 수은 증기에서 방전되어 방사되는 빛의 90% 정도가 눈에 보이지 않는 자외선이지만 자외선이 유리관 안쪽에 있는 형광물질에 닿아 가시광선을 방사하도록 한 것이다. 형광방전관은 빛을 내는 부분으로 관 양끝의 전극에 필라멘트가 설치되어 있고, 필라멘트에는 열전자가 튀어나오기 쉬운 물질(바륨(Ba), 스트론튬(Sr))이 발라져 있다. 안정기는 얇은 규소 강판을 겹쳐놓은 철심 코일을 감아서 만든 것이다. 형광 방전관이 방전할 때 필요한 높은 전압을 발생시켜 방전 후 전류가 안정되게 흐르도록 전류 증가를 방지하는 역할을 하고 장기적으로 안정된 방전을 위해 전류를 제한하여 방전의 안정성을 확보하며, 방전관이 초기에 방전되는 것을 보조하는 역할을 한다.

점등관은 방전관이 방전할 수 있도록 스위치 역할을 하며 유리관 속에 고정전극과 가동전극(바이메탈)을 부착하여 네온이나 아르곤 가스를 넣고 밀봉한 진공관에 스위치를 켜면 점등관의 전극에서 방전이 일어난다. 이때 바이메탈이 가열되어 늘어나 고정전극과 접촉하도록 회로가 구성되어 형광 방전관의 필라멘트에 전류가 흘러 가열된다. 장점은 수명이 약 7000시간으로 길고 소비전력이 적으며 발광 효율이 좋다는 점이다. 또 눈부심이 적고 다양한 색깔의 빛을 낼 수 있다. 단점은 빛의 흔들림이 있으며 자주 점멸하면 수명이 짧아지고 기준값 이하의 낮은 전압에서는 점등이 잘 되지 않는다는 것이다.

전구형 형광등인 3파장 램프를 오스람 램프라고도 하는데, 이것은 독일 오스람사의 3파장 램프가 광고를 통해 국내에서 유명해졌기 때문이다. 그러나 처음으로 이것을 개발한 곳은 네덜란드 필립스사이며 국내 여러 조명회사들도 3파장 전구를 시장에 내놓고 있다. 3파장 전구, 오스람 전구보다 정확한 이름은 '전구형 형광등'이다.

원래 이름이 형광등이기 때문에 앞에서 설명한 형광등과 작동 원리가 동일하다. 장점은 일반 형광등의 원리가 같기 때문에 오래 쓸 수 있고, 전기가 적

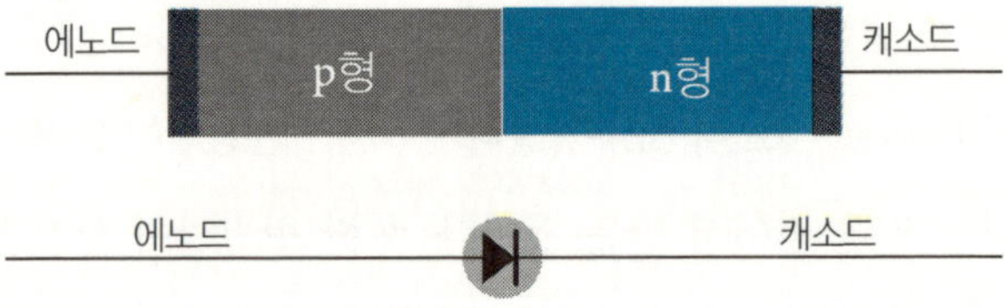

| 그림 6-5 | pn 다이오드의 모형과 기호

게 든다는 것이다. 그렇다면 왜 굳이 전구형 형광등을 만들었을까? 생활수준이 높아지면서 전기제품 사용에 따른 에너지 양도 매년 약 10%씩 급격히 증가하고 있다. 여기서 조명이 차지하는 비중은 약 18%이다. 그중 백열전구의 전력소모는 약 56%에 달하는데, 형광등의 장점을 가진 전구로 대체할 수 있다면 상당한 에너지를 절약할 수 있을 것이다.

끝으로 4세대 가정용 조명등이라고 할 수 있는 LED(Light Emitting Diode) 전등을 생각할 수 있다. LED 전등에서 4가 원소(C, Si, Ge)로 구성된 반도체에 불순물로 알루미늄(Al)과 갈륨(Ga)과 같은 3가 원소를 치환하면 p형 반도체, 인(P)과 비소(As, Arsenic) 등의 5가 원소를 불순물로 치환하면 n형 반도체가 만들어진다. p형 반도체는 전자 빈자리(홀 또는 정공)가 있으며, n형 반도체는 결합에 짝을 못 이룬 전자가 과잉으로 있는 반도체이다. 이 두 종류의 반도체를 접합시키면 그림 6-5(그림 5-17 참조)와 같은 다이오드(diode)가 만들어진다.

1884년에 2극 진공관에서 정류 특성, 즉 에디슨 효과가 발견되었다. 그리고 이것보다 8년 전인 1876년에는 셀렌의 정류 작용이 발견되었다. 이와 같이 반도체의 특성을 이용하여 정류 효과를 내는 다이오드의 역사는 매우 오래되었다. 그러나 그 역사가 진공관보다 더 오래되었다는 것은 약간 의외의 사실이다. 당초의 원시적인 다이오드, 셀렌 정류기와 광석 검파기는 황철광과 방연광 등 천연 아산화동(다결정 반도체)을 사용하였다.

그 후 기술의 진화와 더불어 저마늄과 실리콘을 사용하여 성능 좋은 단결정 반도체 시대로 바뀌었다. 저마늄은 열에 약하므로 현재는 대부분이 실리콘으로 만들어지고 있다. 그림 6-5와 같이 다이오드 소자는 pn 접합이라고 불리는 구조로 되어 있다. P형 반도체의 단자를 애노드, n형 반도체의 단자를 캐소드라고 하며, 애노드에서 캐소드로만 전류가 흐르고, 그 반대 방향으로는 전류가 흐르지 못한다. 이 효과를 정류 작용이라고 하며, 달리 표현하면 교류를 직류로 변환하는 역할을 늣한다.

또 다른 특성으로는 반도체에 순방향으로 고전압을 가하면, 전자와 정공이 이동하여 접합부에서 재결합하고, 이러한 재결합 에너지가 빛이 되어 방출된다. 전기 에너지를 일단 열에너지로 변환하고, 그 후 빛에너지로 변환하는 기존 광원과 달리 전기 에너지를 직접 빛에너지로 변환하기 때문에 전기에너지가 낭비되지 않아 고효율의 빛을 얻을 수 있다. 빛의 3원색 중에서 청색 LED가 만들어지지 않아 한동안 많은 연구가 있었지만, 1993년에 질화 갈륨(GaN)을 사용한 청색 LED가 실용화됨에 따라 그림 6-6과 같이 백색 LED가 실현되어 LED등의 수명과 전력소비면에서 제4의 조명용 광원으로 주목받게 되었다.

질화갈륨(GaN)을 이용한 고휘도 파랑색 LED 개발(그림 6-7)에 대한 연구 성과로 아카사키 이사무(메이조대 교수), 아마노 히로시(나고야 대학 교수), 나카무라 슈지(캘리포니아주립대 교수)가 2014년에 노벨 물리학상을 수상하였다. 스웨덴 왕립

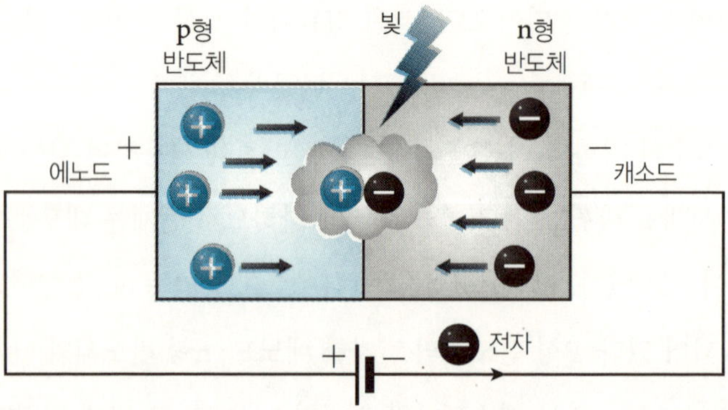

▮ 그림 6-6 ▮ 발광 다이오드(LED) 모형

과학 아카데미는 청색 광원을 갖고 더 효율적이고 친환경적인 발광 다이오드 조명을 만들어 인류 생활에 기여한 공로로 이들 세 학자를 노벨 물리학상 수상자로 결정했다고 밝혔다. 한편, 2014년 12월에 도호쿠 대학의 금속 재료 연구소의 가와사키 마사시 교수 연구팀은 가격이 저렴한 산화아연(ZnO)을 이용한 파란색 발광 다이오드 개발에 성공하여 영국 과학 잡지 "네이처(전자판)"에 발표했으며 비싼 질화 갈륨을 대체할 가능성도 시사하였다. 국내 기업에서도

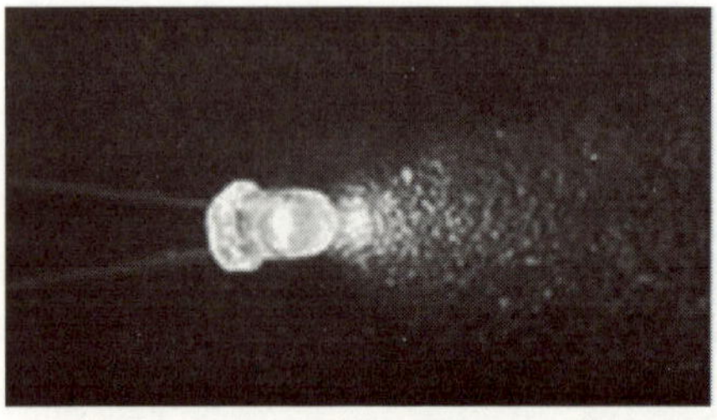

GaN 청색 발광 다이오드

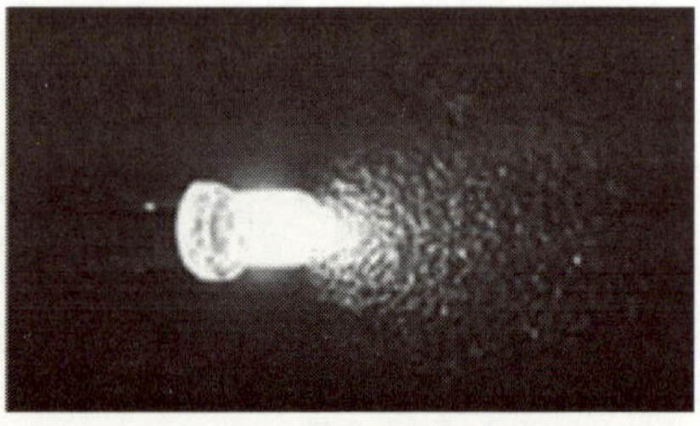

흰색 발광 다이오드

▮ 그림 6-7 ▮ 노벨상을 받았던 청색 LED등과 빛의 삼원색을 합성한 흰색 LED등

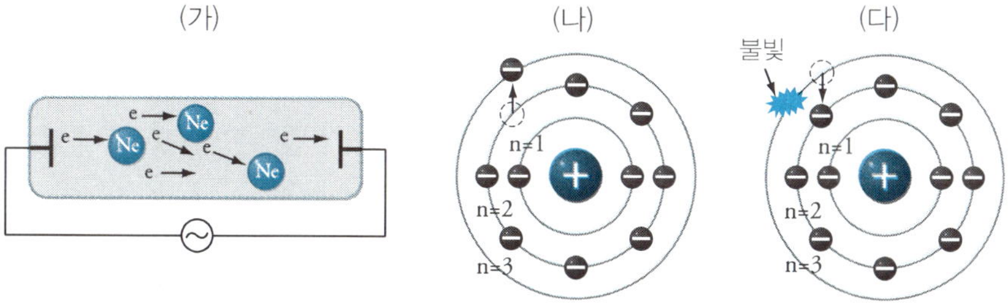

그림 6-8 (가) 네온 가스가 들어 있는 진공관, (나)와 (다)는 네온 원자의 전자 궤도

제4세대 조명등에 관한 사업에 참여하여 제품화하고 있으며, 앞으로 이 분야의 많은 연구가 요망될 것으로 예측된다.

요즈음은 가정용 조명등으로 LED등뿐만 아니라 거리에서 흔히 LED 불빛을 접할 수 있다. 상점의 상호를 밝게 밝히는 데도 사용되며 전력소모가 작아 많은 상점에서 LED등을 선호한다. 그러면 오래전부터 간판에 쓰이고 있는 네온사인의 붉은 불빛의 원리는 무엇일까?

그림 6-8에는 형광등과 같이 진공 유리관 속에 네온(Ne) 가스를 넣고 양 전극에 전기를 흘리면 전자가 튀어나와 네온 원자와 충돌하고 네온 핵 주위를 돌고 있던 전자(n=2, $2s$ 궤도에 2개와 $2p$ 궤도에 6개의 전자) 중에서 $2p$ 궤도의 전자가 에너지를 받아 위 궤도(n=3, $3s$ 궤도)로 올라간다. 그것이 그림 6-8(나)이다. 네온은 10번 원소이므로 주위에 전자 10개를 가지고 있고, 첫 번째 궤도(n=1, $1s$ 궤도에 2개)에 2개의 전자, 두 번째 궤도(n=2)에 8개의 전자가 가득 차 있는 원소이다. 전자의 충돌이나 외부로부터 에너지를 얻은 전자는 위 궤도(n=3, $3s^2$)에 올라갈 수 있으며 시간이 흐름에 따라 그 전자는 불안정하게 되어 곧 원래의

궤도(자리)로 되돌아가려는 성질이 있다. 원래의 전자 위치(2*p* 궤도)로 떨어지면서 가지고 있던 에너지 중에서 받았던 것을 방사하면서 붉은 빛이 나온다. 이와 같이 방사하는 빛의 색은 원자의 전자 궤도에 따라 결정된다. 또 밤에 쉽게 시간을 볼 수 있는 야광시계도 밝은 낮에 에너지를 받아 위 궤도로 올라갔던 전자가 밤에는 이와 같은 원리로 원래의 에너지가 낮은 궤도로 떨어지면서 발광하므로 시간을 쉽게 볼 수 있는 원리이다.

4. 화단에 물을 주면서

우리나라는 수십 년 전에 국가의 근대화 물결 속에서 산업화가 진행되면서 농촌인구가 도시로 집중화되는 현상이 있었다. 인구의 도시 쏠림 현상으로 도시 1세대부터 시작하여 오늘날 도시 2세대, 3세대가 도시에 주거하고 있다. 그러한 영향으로 주택난을 해소하기 위해 아파트 문화가 발전하기 시작하였고, 이와 함께 주거 환경이 크게 변하여 가로수나 나무 없는 삭막한 도시환경으로 바뀌게 되었다. 이러한 현실은 자원이 풍부하지 못한 나라나 인구밀도가 높은 나라의 산업화 과정에서 흔히 볼 수 있는 현상들이다. 그러한 일련의 과정에서 생활의 여유로움을 찾으면서 조금씩 푸른 도시 가꾸기 운동이 시작되어 더욱 푸르고 깨끗한 환경과 맑은 공기 속에서 살고자 하는 풍토로 변하고 있다.

인간 생활에서 가장 기본이 되는 의식주가 해결된 나라의 국민들은 대부분 인생을 즐기려고 하고, 또 쾌적한 생활환경을 희망하고 있다. 이제 우리나

그림 6-9 할머니가 정원에 물을 주고 있다. 고무관에서 나오는 물줄기(왼쪽)와 고무관 끝의 구멍을 작게 했을 때 물줄기(오른쪽)

라에서도 맑고 깨끗한 주거환경을 찾아 전원주택을 선호하는 사람들이 늘고 있는 것 같다. 이러한 전원주택이나 복잡한 도시 속에서 아파트 생활을 하는 사람들은 집 안에 화분이나 화단을 가꿈으로써 보다 쾌적한 환경을 만들고자 한다.

어느 날 앞집 할머니가 화단에 물을 주기 위해 고무관을 수도꼭지에 연결하였다. 그 할머니는 수도꼭지를 열고 나무나 꽃밭에 물을 주기 시작했지만 그림 6-9의 왼쪽 그림과 같이 물이 멀리 나아가지 못하였다. 고무관이 짧아서 멀리 있는 나무까지는 물이 공급되지 않았다. 먼 쪽에 있는 나무에 물을 주기 위해 고무관 끝부분을 움켜잡고 관의 구멍을 작게 하였더니 그림 6-9의 오른쪽 그림과 같이 물이 끝자락에 있는 나무까지 도달하였다. 왜 고무관의 끝자락을 움켜잡고 관의 굵기를 작게 했더니 물이 멀리까지 나아가는 것일까?

일반적으로 물이나 공기는 주위 환경에 따라 이동하는 물질이다. 물이 없으면 생활할 수 없게 되므로 집집마다 수도관을 통하여 물이 공급되고 있다. 수도관을 통해 가정마다 공급되는 물은 수도관 밸브로 물의 양을 조절할 수 있다. 가정마다 연결된 수도관에 대하여 잠깐 생각해 보자.

상수도 수원지에서 오는 굵은 수도관은 마을까지 또는 마을에서 아파트와 같은 지역으로 연결되고, 최종적으로 이웃집 간에는 관의 굵기가 작은 수도관으로 연결된다. 이때 전기가 가정에 들어오는 것과 같이 병렬로 연결되어 있다. 만약 직렬로 연결되어 있으면 이웃집 수도관이 고장 났을 때 옆집에 물이 들어갈 수 없게 된다. 그래서 수도관이나 전기는 모두 병렬로 연결된다. 계량기 앞에 가정으로 들어오는 물의 양을 통제하는 밸브가 하나 있으며, 또 세면기나 부엌에 밸브가 달려 있다. 이 두 밸브에 의해 집 안에 들어오는 수돗물의 양을 조절할 수 있다. 계량기 쪽에 달려 있는 밸브를 통과하는 물의 양은 부엌에 있는 수도 밸브를 아무리 많이 열어도 변화 없이 똑같으며, 반대로 계량기에 있는 밸브를 많이 열어 두어도 부엌에 있는 수도꼭지의 밸브에 따라 물의 양이 조절된다.

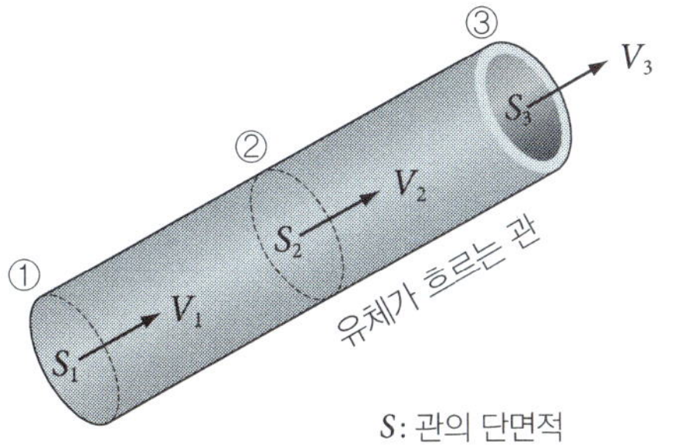

그림 6-10 물이 흐르는 관(또는 유체관)

그림 6-10과 같은 고무관에서 ①과 ②의 단면적을 S_1과 S_2라고 하자. 그곳을 통과하는 물의 속도는 물이 이동한 거리에 시간을 나눈 값이므로 (물이 이동한 거리)/(1초)는 물이 흐르는 속도이다. 그래서 물이 흐른 양은 (물이 이동한 거리)×(면적)으로 1초 동안에 흘러간 물의 부피가 된다. 물의 빠르기를 V_1과 V_2라고 하였을 때 1초 동안에 S_1과 S_2 단면적을 통과하는 물의 양은 S_1V_1과 S_2V_2로 나타난다. 관 속을 흐르는 물의 양은 관의 위치에 관계없이 일정하다. 즉 고무관(또는 수도관)의 단면을 통과하는 물(또는 유체)의 양은 단면적과 그 단면적을 통과하는 물(유체)이 흐르는 속도의 곱과 같다. 따라서 단면적이 큰 곳에서는 물이 천천히, 단면적이 작은 곳에서는 물이 빠르게 흐른다. 이때 관에 흐르는 물을 **정상류**라고 한다. 이 말을 물리적으로 표현하면 물이 흐르는 관의 단면적과 그때 물의 속도는 반비례하여 단면적이 작으면 물의 속도가 커진다는 것을 뜻한다. 이러한 현상을 물리에서는 **연속의 법칙**으로 설명한다.

앞에서 할머니가 고무관의 굵기를 작게 만든 것은 곧 고무관의 단면적을 작게 만든 것이다. 위에서 물이 흐르는 관의 굵기가 작으면 그곳에 흐르는 물의 속도가 커진다. 똑같은 높이에서 고무관을 수평 방향으로 향하고 물을 흘렸을 때 물의 속도가 크면 멀리까지 물이 나아간다.

할머니가 들고 있던 고무관의 높이가 전부 똑같다고 했을 때 고무관 끝으로부터 땅바닥까지 물이 떨어지는 시간은 물의 속도에 관계없이 일정함을 설명하였다. 그리고 움직이는 거리는 달리기하는 사람과 같이 속도에 달린 시간을 곱한 값으로 주어진다.

그러므로 물이 수평으로 나아가는 거리는 고무관 끝부분에서 (물의 속도)×

(물이 땅바닥에 도달하는 시간)이다. 할머니가 고무관의 끝부분의 단면적을 작게 하였으므로 물의 속도가 커졌으며, 물이 나아가는 거리는 물의 속도에 물이 떨어지는 시간의 곱이므로 속도가 크면 물이 멀리까지 갈 수 있는 것이다.

질문 그림 6-11과 같이 강물이 흘러가고 있다. 앞에서 유체관의 굵기에 관계없이 유체관의 단면을 통과하는 물은 같은 시간에 같은 양의 물이 흐른다고 하였다. 강바닥의 깊이가 똑같다고 가정하였을 때 강폭은 ② > ③ > ① 순서로 넓다. 강물 흐름의 속도가 가장 빠른 곳은 몇 번일까?

또 강물의 깊이는 모두 1미터 정도라고 가정하였을 때 어린 아이들과 함께 강가에서 캠핑을 한다면 아이들을 어느 곳(몇 번)에서 수영을 시켜야 안전할까? (힌트: $S_1V_1 = S_2V_3 = S_3V_3 =$ 일정)

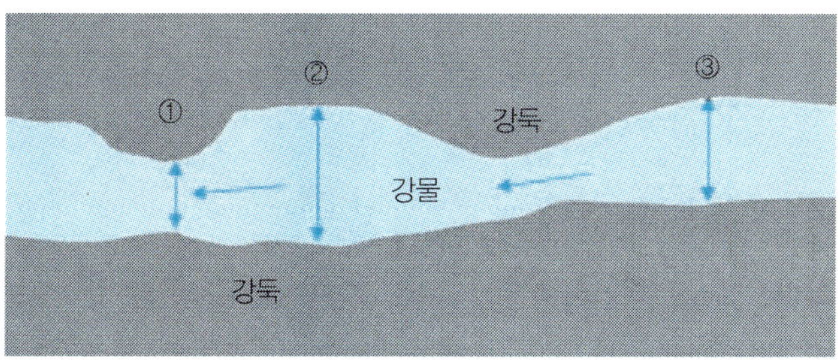

그림 6-11 강물이 흐르고 있는 강둑의 일부를 나타낸 그림

5. 공중을 나는 인형

한 번은 손자와 손녀에게 생일 선물로 각각 자동차와 여자 인형을 사주었다. 그림 6-12에서 사각형 속에 있는 여자 인형에 전원을 켜고 인형의 균형을 잘 맞추었더니 인형은 그림 속의 둥근 점선 속에 있는 것과 같이 공중으로 떠

그림 6-12 아이들과 공중을 떠오르는 인형 놀이를 하는 모습

올랐다. 두 아이는 신기하고 좋아 어쩔 줄을 몰라 했다.

인형을 자세히 보았더니 인형의 날개 앞면과 뒷면이 약간 휘어져 날개가 회전하면 위쪽 면이 볼록하도록 만들어져 있었다. 비행기가 비행장을 이륙할 때의 비행기 날개를 연상할 수 있었다. 비행기의 이륙은 **베르누이 정리**로 설명된다. 베르누이 정리에 대하여 알아보자.

인형에 매달려 있는 팔랑개비의 단면을 그림 6-13과 같은 비행기 날개의 단면으로 생각하면 더욱 쉽게 이해할 수 있다. 팔랑개비가 전원에 의해 공기 속에서 회전하는 것은 비행기가 엔진에 의해 앞으로 나아갈 때 비행기의 날개가 공기 속에서 움직이는 물체가 되는 것과 같다. 그림의 점 (가)에서 서로 인접해 있던 공기-1과 공기-2는 비행기가 앞으로 나아가면 공기-1은 날개의 위로, 공기-2는 날개의 아래로 통과하여 점 (나)에서 만나게 된다. 실제로는 비행기 날개가 똑같은 시간에 (가)에서 (나)까지 움직였으나 공기-1과 공기-2가 (가)에서 (나)까지 움직였다고 생각해도 좋다. 그러면 공기-1과 공기-2의 이

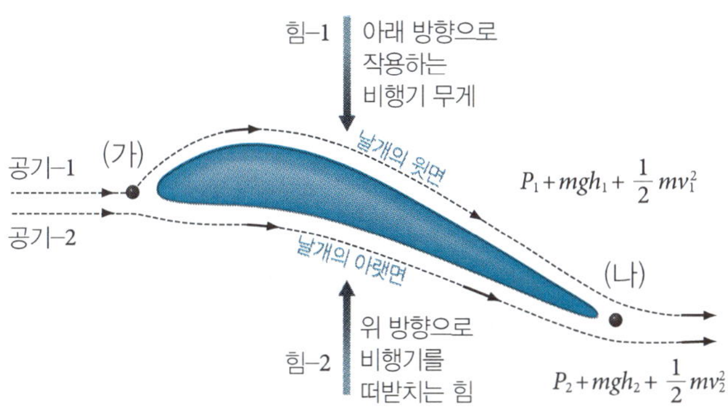

그림 6-13 비행기 날개의 단면도

동거리는 어느 쪽이 더 큰가?

똑같은 시간에 이동거리가 큰 쪽이 속도가 클 것이다. 결과적으로 공기-1이 비행기 날개의 위쪽을 통과하여서 날개 위쪽으로 통과하는 공기가 아래쪽으로 통과하는 공기보다 많이 움직이게 되므로 위쪽 공기의 속도가 더 커진다. 즉 공기-1의 속도 > 공기-2의 속도로 표현된다. 조종사가 비행기의 엔진을 가속시키면 비행기는 더 빠르게 활주로를 달리게 된다. 비행기의 속도가 커질수록 공기-1과 공기-2의 속도 차이(속도(공기-1)-속도(공기-2))가 커진다. 비행기의 속도가 작을 때는 힘-1이 힘-2보다 크기 때문에, 즉 비행기의 무게가 더 무겁기 때문에 활주로 위를 달리지만 비행기의 속도가 커지면 힘-1이 힘-2보다 작아지면서 비행기는 활주로를 이륙하게 될 것이다.

이와 같이 인형에 매달린 팔랑개비가 회전을 하면 비행기의 날개에서와 같이 팔랑개비를 위로 떠받치는 힘이 생기며, 팔랑개비가 빠르게 회전할수록 팔랑개비를 떠받치는 힘이 인형의 무게보다 커지면서 인형이 위로 날아오르게 된다. 그리고 팔랑개비의 회전속도가 느려지면 인형의 무게에 의해 바닥으로 떨어진다.

그렇다면 베르누이 정리는 비행기가 이륙할 때 어떤 역할을 할까? 공기나 물은 흐르는 물질이라고 분류하여 유체라고 부른다. 이와 같은 유체 속의 한 점에서 압력이 한 일과 유체가 갖는 위치 에너지와 운동 에너지의 합은 항상 일정하다는 것을 **베르누이 정리**라고 한다. 비행기 날개의 위쪽과 아래쪽의 높이가 비슷하다고 가정하면 위치 에너지(질량×중력 가속도×높이, mgh)는 같다고 생각해도 좋다. 그러나 운동하는 비행기 날개의 윗면과 아랫면을 지나는 공기의 속도는 앞에서 다르다는 것을 알게 되었다. 운동 에너지는 움직이는 물체의 속도의 제곱에 비례한다.

비행기 날개의 그림에서 날개 윗면을 통과하는 공기-1의 속도를 속도(공기-1), 날개의 아랫면을 통과하는 공기-2의 속도를 속도(공기-2)라고 하면, 비행기 날개의 윗면과 아랫면의 압력(P)의 차이는 (속도(공기-1))^2-(속도(공기-2))^{2}에 질량의 반(m/2)을 곱한 것만큼 생긴다. 이 압력(힘/면적)의 차이가 비행기의 무게보다 커지면 비행기는 활주로를 이륙하게 될 것이며, 이 힘을 우리는 **양력**이라고 부른다. 그래서 공기와 같은 유체 속에서 운동하는 물체, 즉 인형도 베르누이 원리에 의해 위로 올라가게 되는 것이다.

6. 고무줄에 숨은 물리

2006년 3월 17일자 미국의 과학저널 "사이언스"지에 미국 텍사스대학교 나노기술연구소에서 발견한 획기적인 인공근육이 소개되었다. 이 인공근육은 인간의 자연근육에 비해 수축력이 100배 정도 되는데 에너지 효율이 뛰어나고 환경오염이 적은 연료전지가 장착되어 있어 차세대 로봇이나 인공 팔에 활용될 것으로 기대된다고 보도되었다. 화제의 주인공들 중에서 '전기가 통하는 플라스틱'을 개발한 공로로 노벨 화학상을 수상한 앨런 맥드미드 박사, 나노튜브의 대가로 알려져 있는 레이 바우먼 박사 등 10여 명과 국제공동연구차원에서 유학을 간 한국 학생이 이 연구에 참여하였다.

그림 6-14와 같이 그래핀의 2차원 평면과 탄소 나노튜브는 탄소(C) 원소가 빨대 모양으로 둘러싸여 있는 물질로, 전기를 적당히 공급하면 늘어나기도 하고 줄어들기도 한다. 또 수소와 산소를 공급하면 전기 에너지와 물을 만들어 내는 촉매 역할을 한다. 이러한 두 가지 기능을 결합하여 한쪽에서는 전기

(가)

(나)

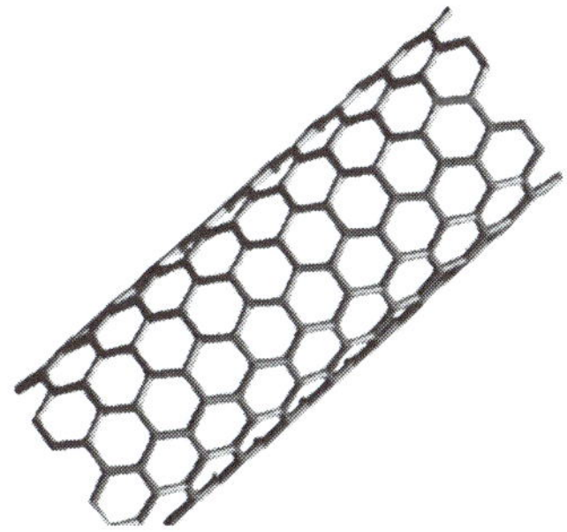

그림 6-14 (가) 그래핀의 2차원 평면, (나) 그래핀(탄소)의 나노튜브

를 발생시키고 다른 쪽에서는 이 전기로 수축 운동을 하는 인공근육을 만들어 낸 것이다. 이상은 어느 일간지에 실린 기사 내용과 같다.

그러나 우리 생활 주변에서 수축이나 늘어남에 대한 탄성 문제는 생각보다 많다. 예로 고무줄이 부착된 옷이나 양말을 생각할 수 있다. 운동복과 속옷의 하의나 양말은 고무줄이 너무 잘 늘어나도록 만들어지면 쉽게 벗겨질 것이다. 그렇다고 잘 늘어나지 않을 정도로 단단하게 만들어지면 활동하기에 불편할 것이다. 여기에서 고무줄을 용수철로 대치하면, 물리에서는 용수철의 늘어나는 정도를 훅(Hooke)의 법칙($F=kx$, k는 상수, x는 용수철이 늘어난 길이)으로 생각할 수 있다. 일정한 길이의 용수철에 힘을 가하면 힘의 크기에 따라 용수철이 늘어날 것이다. 이때 용수철의 늘어난 길이는 가해준 힘에 따라 다르게 나타난다.

그림 6-15는 용수철-1과 용수철-2에 대하여 각각 힘을 가하면서 늘어난 길이를 나타낸 것이다. $F=kx$는 수학에서 잘 알려진 일차방정식 $y = ax$와 같은 식이다. 용수철에 가한 힘(F)에 늘어난 길이(x)를 나눈 값이 그 용수철의 고유

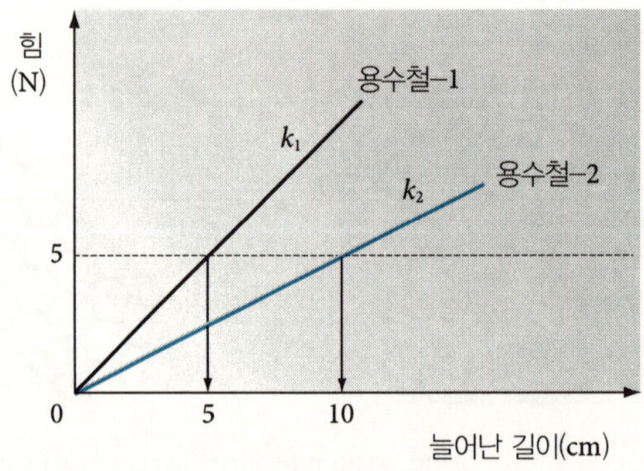

그림 6-15 용수철에 힘을 가했을 때 늘어난 길이

한 물리 상수($k=F/x$)이다. 그림에서 기울기가 작은 용수철은 어느 것인가? 물론 용수철-2가 기울기가 작다. 5 N(뉴턴)의 똑같은 힘을 가했을 때 용수철-1은 5 cm, 용수철-2는 10 cm 늘어났다. 그래서 그림에서 기울기가 작은 쪽이 상수(k) 값이 작으면서 많이 늘어났다.

이와 같은 원리는 고무줄에도 똑같이 적용된다. 그러면 운동복 하의가 잘 벗겨지지 않게 하기 위하여 고무줄 길이를 짧게 하거나 고무줄을 여러 개 겹쳐서 사용(병렬로 연결)해야 할 것이다. 그 이유를 그림 6-16에서 한 번 생각해 보자. 똑같은 용수철 2개를 직렬로 연결하였을 때, 용수철에 가한 힘이 한 개일 때처럼 똑같이 가하면 늘어나는 길이는 2배가 된다. 그러면 용수철의 상수(k)는 2배로 작아졌다고 생각할 수 있다. 그리고 그림과 같이 병렬로 연결하였을 때, 가한 힘이 반(1/2)으로 나누어져 용수철에 가해지므로 늘어난 길이는 2배로 짧아진다. 고무줄 2개를 겹쳐 사용하면 고무줄에 가해지는 힘이 두 고무줄에 반씩 나누어져 전체적으로 늘어난 길이는 반으로 되고 앞에서 말한 용수

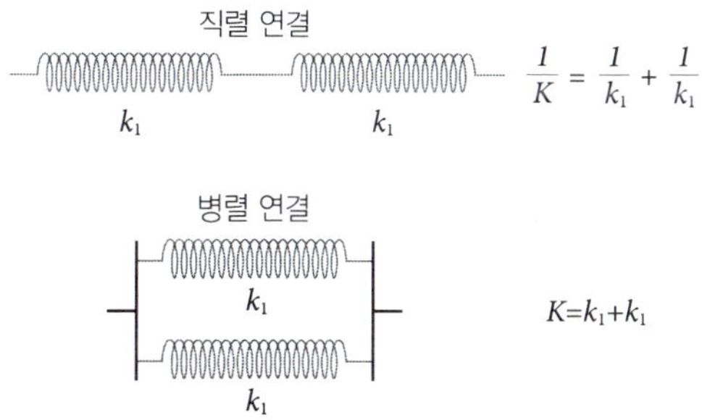

그림 6-16 용수철의 직렬과 병렬 연결

철의 상수가 2배로 커진다. 그래서 용수철 연결에서와 같이 고무줄에서도 직렬 연결하면 K 값이 작아지며, 병렬 연결하면 그림 속의 식($K = k_1 + k_2$)과 같이 커진다.

국제 시합에서 백 분의 일 초로 승부가 결정되는 육상, 스케이팅, 수영 등과 같은 기록경기에서 선수들이 입는 복장은 기록에 대단히 민감하다.

여기에서 찾아볼 수 있는 물리공식은 고무줄이나 용수철의 연결 형태에 따른 **후크의 법칙**을 생각할 수 있다. 이러한 물리의 특성은 최첨단 기능성 운동복에서부터 시작하여 등산복, 그리고 많은 운동 장비를 개발하는 데 활용된다.

7. 콤팩트디스크로 듣는 음악

앞의 1절에서부터 6절까지는 가정주부가 집에서 사용하는 기구들과 시설물들을 살펴보며 그 속에 숨어 있는 물리를 생각해 보았다. 이 절에서는 가정에서 휴식을 위해 사용하는 그림 6-17의 CD(Compact Disc)나 녹음기에 대해서 살펴보려고 한다.

우선 CD가 어떻게 음(음악)을 저장하는지 알아보자. CD는 빛의 정보를 저장하는 기억 장치로 알루미늄 박막에 레이저로 홈을 파서 신호를 저장하며, 마찬가지로 레이저로 신호를 읽는다. 따라서 자료 손상이 거의 없는 반영구적 매체이며, 안쪽에서 시작해서 바깥쪽으로 나가면서 신호를 저장하는 방식이다. CD는 기억되어 있는 정보를 읽어 내는 장치이므로, 이러한 것을

그림 6-17 콤팩트디스크

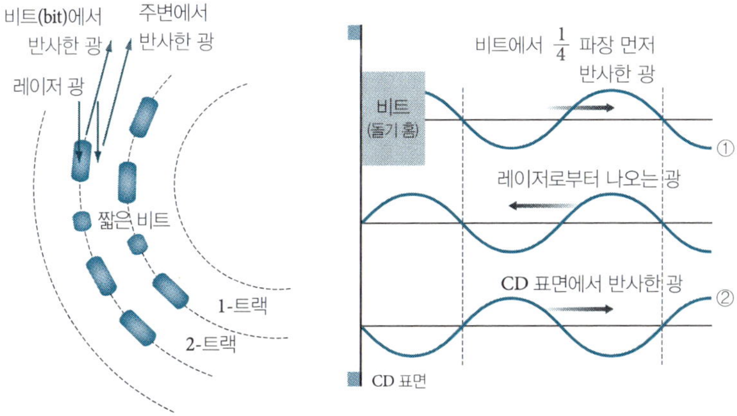

그림 6-18 CD에서 레이저 빛이 반사하는 면과 반사하는 빛의 파형

롬(ROM, Read Only Memory)이라고 한다. 이 기술은 다른 디지털 정보를 저장하는 기억 장치인 CD-ROM(시디롬)으로 발전하였다.

그림 6-18은 CD의 구조를 나타냈으며 레이저 빛이 비치는 면에 비트(bit)의 역할을 할 돌기(또는 홈)를 나타내었다. 이 돌기는 나선(점선) 상에 조금 긴 것(1.6 μm)과 짧은 것(0.8 μm)이 정렬되어 있다. 그리고 돌기(또는 홈)의 두께는 레이저 빛이 갖는 파장의 1/4이 되도록 만들어진다. 그림 6-18에서와 같이 레이저로부터 온 빛이 비트에서 반사하는 빛과 주변, 즉 CD면에서 반사한 빛이 서로 만났을 때 오른쪽 그림과 같이 비트에서 반사한 빛 ①과 CD 표면에서 반사한 빛 ② 사이에 반파장의 차이가 생겨 합성파의 세기가 영(0)으로 되는 것을 감지할 수 있도록 되어 있다. 이러한 원리는 안경 유리의 안쪽에 가시광선을 일부 투과 또는 반사시키기 위해 1/4파장의 박막을 입혀 반사시키는 원리와 같다.

그리고 긴 비트와 짧은 비트에서 반사되어 오는 빛을 각각 '1'과 '0'으로 약속한다. 왼쪽 그림에서 반시계 방향으로 회전한다고 하였을 때, 1-트랙에서는 1011로 감지되며 2-트랙에서는 1101로 감지된다. 이러한 표현을 2진법이라고 부른다. 2진법의 숫자를 보통의 숫자로 다시 변환해 보자. 예를 들면 1011→ ③으로 1101→ ⑤로 약속하여 입력시킨다. 그리고 마지막 단계에서 ③은 '미', ⑤는 '파'로 음을 기억시킨다. 이렇게 하면 CD에서 재생되는 모든 음이 이와 같이 4(또는 8)개의 비트가 한 단위가 되어 음을 기억하고 이를 통하여 노래가 저장된다.

우리가 일상에서 사용하고 있는 컴퓨터도 2진법으로 저장하고 재생하도록 되어 있다. 비휘발성(정보가 항상 저장되어 있음) 강유전체 메모리 소자(FRAM)는 위에서 설명한 CD(읽기 전용)와 다르게 1개의 트랜지스터와 1개의 축전기가 짝이 되어 1-비트를 만든다. 메모리 소자 개발을 위해 트랜지스터는 반도체로 만들어지지만, 축전기는 전기용량이 큰 물질로 쌍극자의 극성에 따라 흐르는 전류의 방향으로 '1'과 '0'을 읽도록 만들어진다(5장 6절 참조). 전기용량이 큰 물질은 보통 강유전체에서 찾아볼 수 있는데 지난 20여 년 동안 연구자들은 대용량 축전기 개발에 많은 시간을 보냈다.

그림 6-19 강유전체 메모리 소자

그리고 강자성체 메모리(MRAM) 및 전기저항 메모리(RRAM) 등에 관한 분야에서도 끝없는 연구가 진행되고 있다. 조금 원리적인 이야기이지만, 메모리 소자를 구성하고 있는 전기회로에서 그림

1-11의 소양강 다목적댐에서와 같이 물의 저수량(댐의 면적×둑의 높이)을 최대로 저장하고 있으면서 필요할 때 물을 조금씩 공급하는 것처럼, 강유전체 메모리 소자도 전하량(전기용량×전위차)을 많이 저장하고 있으면서 필요할 때 전하(전자)를 조금씩 흘리면, 그 전류에 의해 정보를 저장하고 재생하여 사용하는 원리이다. 그리고 전기용량은 유전상수(ϵ)와 면적(S)에 비례하고 두께(d)에 반비례한다($C \propto (\epsilon S)/d$). 이 이야기는 회로를 구성하는 축전기의 면적이나 유전상수가 큰 물질을 개발하여 전기용량을 크게 만들어야 된다는 이야기이다.

앞에서 언급한 실리콘 반도체를 이용한 메모리 소자는 수명이 5~10년 정도이므로 대용량의 정보를 오랫동안 보존하는 데 문제가 있다. 그래서 최근에는 DNA 컴퓨터를 연구하는 그룹도 있다. DNA 저장장치는 실리콘 반도체보다 저장능력이 우수하여 많은 용량의 정보를 거의 영구적으로 보존할 수 있다. DNA는 인산과 당에 아데닌-사이토신이 연결된 염기를 '0', 구아닌-타이민을 '1'로 했을 때 1-비트를 구성하게 된다.

물질문명은 쉬지 않고 발전하고 있고, 우리나라에서도 이미 4차 산업혁명이 시작되었다고 본다. 이 4차 산업혁명을 이끄는 기술은 물리적 기술, 디지털 기술, 생물학적 기술이다. 이 디지털 기술에는 사물인터넷(IoT)이 발전할수록 대용량 정보(big data)가 얻어지므로 정보처리가 빠른 양자 컴퓨터를 개발해야 할 것이다. 세계 속의 경쟁에서 낙오되지 않기 위하여 앞으로 무엇을 어떻게 연구 개발해야 할 것인지에 대하여 계속 궁리해야 할 것이다.

8. 세상에서 가장 위대한 발명

이 세상에서 가장 위대한 발명은 무엇일까? 비행기, 자동차, 컴퓨터, 아니면 전화기? 아니다. 필자는 집이나 회사의 화장실에 놓여 있는 대변기가 가장 위대한 발명품으로 선정되었다는 기사를 읽은 적이 있다. 발명의 소재는 자신의 주위에 산재해 있다. 필자도 이것을 깨닫기까지 70년이 걸렸다. 220 V의 플러그와 콘센트는 안전을 위하여 깊고 크게 만들어져 있다. 그것을 사용할 때 불편하다고 느낀 사람이 있을 것이다. 이러한 문제점에 착안하여 플러그가 쉽게 제거되도록 부수장치를 개발하였던 일은 사소하지만 사용자의 편리함을 도모한 값진 발명이었다.

그동안 인류 역사에는 세 번의 산업혁명이 있었다. 1차 산업혁명은 영국에서 시작되었으며 가내수공업에서 공장공업으로 변천해 가는 과정이었다. 2차 산업혁명은 19세기 말에 석유의 발견과 전기, 전화, 알루미늄 등의 발견으로, 대량생산체제의 기반이 마련되었다. 그리고 3차 산업혁명은 컴퓨터가 등장하면서 정보통신기술(ICT, Information and Communication Technology)이 발전하고 제품의 생산체제가 자동화되어 본격적인 대량생산 체제가 갖춰지면서 산업구조가 급격히 변화하게 되었다.

그리고 오늘날 4차 산업혁명은 인공지능(AI, Artificial Intelligence)과 로봇기술, 사물인터넷(IoT, Internet of Things), 3D(3차원) 프린팅, 빅데이터(big date), 대용량 컴퓨터, 5G(세대) 통신기술, 각종 센서, 드론(drone) 등이 주도하는 산업구조로 변화가 일어나고 있다. 선진국에서는 이 분야에 종사할 새로운 인재 양성에서부터 범국가적인 차원에서 자구책을 강구하고 있다고 한다. 특히 사물인터넷은 우리 주변의 모든 사물을 연결하여 지능화, 자동화함으로써 더 편리한 서비스 체제를 만들고 있다.

현재 시중에 제공되고 있는 사물인터넷 기술은 초기 단계로, 대부분 와이파이(Wi-Fi) 또는 유선을 통해 인터넷을 사용하기 때문에 한정된 공간에서만 서비스가 가능하고 이동에도 제약을 받는다. 이러한 문제를 해결하기 위해 국내에서는 먼 외곽 지역에서도 서비스가 가능하고, 전력 소비가 적은 LTE(long term evolution) 네트워크를 활용하는 방안도 검토 중이다. 그러나 인접 일본에서는 제조, 인프라, 서비스, 건설 등 대부분의 업계가 주목하고 있는 IoT 사업에서 그 인프라에 큰 변화의 조짐이 보이고 있다. 그것은 전력 소비가 적고 광범위한 지역에서 사용 가능한 LPWA(Low Power Wide Area)라고 하는 새로운 무선기술이 개발되기 때문이다.

지구상에서 일어나는 모든 정보를 공유하면서 풍요롭게 살기 위해 새로운 것을 개발하고 개선하는 일은 우리 모두의 몫이다. 모두가 생활 속에 있는 과학에 눈을 뜨게 되면, 불편함을 개선하고 새로운 것을 개발하려고 할 것이다. 필자가 어렸을 때 어머님이 땔감을 이용해 무쇠로 만든 솥에 밥을 지었던 기억이 생생하다. 그것도 가족들을 위해 하루에 3번씩이나 그런 불편한 일을 감내하셨다. 이러한 불편함을 해소해 준 발명으로 5장에서 이야기하였던 전기밥솥을 들 수 있다. 과거에 우리 어머니들이 선호하였던 선물 1호는 전기밥솥이라고 생각된다. 간단한 페라이트를 밥솥에 설치하여 맛있는 밥을 지을 수 있다는 과학의 힘은 대단한 것이다. 당시에 강자성체 분야의 연구가 앞섰던 일본의 전기밥솥이 유명하여 일본 여행에서 돌아오는 사람들이 그것을 많이 사서 귀국길에 올랐다.

필자는 평생토록 물리학을 연구하였지만 지리산만큼 높은 연구 업적 하나 없는 것을 부끄러워했다. 지리산은 소백산맥의 남서 지역에 위치한 3개의 도가 떠받치고 있는 남성의 기상을 지닌 명산으로 알려져 있다. 그래서 산을 좋아하는 등산 애호가들은 설악산보다 더 즐겨 오른다고 한다. 이 장엄한 명산의 정기를 받으며 대대손손 살아 온 마을들이 깊게 자리 잡고 있고, 마을을 오가는 오솔길과 산길을 연결한 것이 오늘날 지리산 둘레길이다. 산이 있으면 강이 있기 마련이다. 지리산과 같이 큰 산은 섬진강과 같은 크고 아름다운 강을 만들었다.

이 세상에 태어나 뭔가 후세에 도움이 되는 업적 하나 있으면 좋겠는데 퇴직한 낭인으로서 만감이 복잡한 요즘이다. 마음을 비우기 위해 걷는 사람도 많겠지만, 필자는 맑은 공기 속의 둘레길을 걸으면서 인생의 마지막 숙제를 신통한 지리산으로부터 받고자 하였다. 마침, 온 국민의 '과학의 생활화'에 조금이나마 기여하고 싶은 마음으로, 생활 속의 물리 이야기를 쉽고 재미있게 끔 풀어 써서 책을 엮는 것이 마지막 소임이라고 생각하였다. 그래서 생활 속에 산재해 있는 물리 이야기를 찾아보았다. 중·고등학교 학생들이 생활 속에 숨어 있는 자연현상을 물리학이라는 학문으로 누구나 쉽게 읽고 이해하면서, 물리학이라는 학문과 조금 더 친숙해질 수만 있다면 이것이 바로 필자가 찾아 헤매던 마지막 숙제라고 생각한다.

참고문헌

1. 조성호, 물리돋보기, 아카데미아 (2006)
2. 이시우, 별처럼 사는 법, 우리출판사 (2007)
3. 차명식, 물리 과학의 세계, 부산대학교출판부 (2012)
4. Halliday, Resnick, Walker 공저, 일반물리학 9판 번역서, 범한서적주식회사 (2011)
5. 小暮陽三, 物理の 常識 おもしろ 知識, 日本實業出版社 (1999)
6. 권숙일, 김종진, 장민수, 강유전체 입문, 서울대학교 출판부 (2000)
7. C. Kittel 저, Introduction to Solid State Physics, 6판 Printed in Korea, 연합출판 (1986)
8. 김학수, 빛 이야기, 부산대학교 출판부 (2003)
9. 노동택, 장민수, 전자세라믹스(역서), 한국경제신문사 (1994)
10. 이재현, 장민수, 유전체(역서), 부산대학교 출판부 (1994)
11. 박동수 역, Sir Nevill Mott 저, 과학에 산 인생, 광림사 (2001)
12. 최무영, 최무영 교수의 물리강의, 책갈피 (2008)
13. 井田屋文夫 著, 圖解雜學 物理のしくみ, ナツメ社(1998)
14. 클라우스 슈밥 지음, 송경진 옮김, 클라우스 슈밥의 제4차 산업혁명, 새로운현재(2016)
15. 하원규 최남희 공저, 제4차 산업혁명, (주)콘텐츠하다(2015)
16. 김대호 저, 4차산업혁명, 커뮤니케이션북스(2016)
17. 한일IT경영협회 공저, KMAC 옮김, 제4차 산업혁명, KMAC(2016)

찾아보기